The latest study of SKIN SCIENCE

최신 피부과학

홍란희 · 김윤정 · 송다해 · 석은경 공저

光文閣
www.kwangmoonkag.co.kr

머리말

아름다움에 대한 인간의 열망은 지대하며, 죽는 날까지의 영원한 관심사이다. 고금동서를 막론하고 보다 아름답기를 추구하는 인간의 욕망이 무수한 미용 양식의 창조와 계승, 발전을 거듭해 왔다.

우리나라 뷰티 살롱의 근대 역사는 80년에 달하지만, 특히 지난 30여 년 동안 빠른 속도로 성장해 왔다고 할 수 있다. 이러한 미용 산업의 성장은 미용시장의 개방과 발전은 물론 세계의 우수 기업들의 투자와 교육기관의 발전을 가져왔다. 1991년 미용 관련 학과가 전문대학에 개설되는 것을 시작으로 현재에는 석 · 박사과정의 교육기관은 물론 미용 전공자를 대상으로 하는 재교육기관도 체계적인 교육 과정을 바탕으로 개설되고 있다. 이와 같은 시대의 변화와 흐름은 많은 학생들로 하여금 대학과 전문 교육기관의 체계적인 교육 과정을 통해 미용에 대한 전문지식과 기술을 배우려는 욕구를 높이고 있으며, 그러한 이유로 미용 이론과 실무를 체계적으로 다루고 있는 전공 교재의 필요성은 더욱 중요시되고 있는 것이 현실이다.

본서는 총 11장으로 나누어 과학적이고 논리적인 지식의 바탕 위에 효과적인 피부관리의 방법을 명쾌하게 제시하고 있다. 그리고 이것에 대한 이해를 돕기 위해 많은 그림과 사진 등을 삽입하였다.

원고를 마무리하고 보니 아직 부족하고 미비한 점들이 많음을 절감한다. 이러한 점들은 여러 선배제현들의 지도편달을 받아 계속적으로 수정 · 보완할 것이며, 대학 교과 과정의 피부과학 발전을 위해 끊임없이 보강할 예정이다. 부디 본서가 대학에서 피부미용을 전공하는 학생은 물론이고 관련 분야 종사자들에게도 조금이나마 도움이 되기를 기대한다.

끝으로 이 책이 출판되기까지 물심양면으로 도움 주신 광문각출판사 박정태 사장님께 감사드리며 편집부 여러분에게도 감사드린다.

2012년 8월

저자 일동

CONTENTS

CONTENTS

CONTENTS

CONTENTS

01 세포와 조직(Cell and Tissue)

1. 세포(Cell)

1665년 '현미경의 아버지' 라 불리는 영국의 과학자인 로버트 후크(Robert Hooke, 1635~1703)가 현미경으로 식물의 세포벽(cell wall)인 코르크(현재 와인이나 주류 병뚜껑)를 처음으로 관찰하고 보니, 코르크가 벌집 모양의 작은방들로 이루어져 있었다. 그래서 이런 작은 방들을 '세포(cell)' 라는 용어를 사용하여 정의하였다.

자연계에 존재하는 모든 생명체는 세포(cell)라는 기본단위로 구성되어 있고 생명유지를 위해 노력한다. 세포란 현미경 상에서 관찰되는 아주 작은 방같은 구조물로서 우리 인체를 구성하며 조직화, 체계화되어 있고 에너지를 생성하고 이용하며 자극에 반응할 뿐 아니라 항상성 유지 및 생식과 분열 성장을 하는 살아 있는 생명체이다.

인체는 수많은 분자가 모여 구성된 세포로 사람의 인체는 약 60~100조 개의 세포들로 구성되어 있으며, 이들 세포는 각각의 독립된 기능을 가진 약 220종류의 세포들로 구분할 수 있다. 세포는 모양과 크기가 다양하며 세포 한 개체만으로도 독립된 생명체이지만 사람과 같은 고등동물은 매우 다양하고 기능이 다른 세포들로 구성되어 있어서 서로 상호협력 없이는 생명을 유지하기 어렵다. 세포는 동일한 기능과 목적을 띤 세포들이 모여 조직(tissue)을 형성한다. 즉 조직은 특정 기능을 함께 수행할 수 있는 세포들이 모여서 이루어진 세포집단이다.

조직들이 두 개 이상 모여 실질적인 기능을 수행하는 것을 기관(organ)이라 한다. 또한, 여러 개의 기관들이 모여 더욱 고도화된 생명유지를 위한 기능을 수행하며 인체 유기체를 형성한다.

1) 세포의 크기와 모양

자연계에 존재하는 모든 생명체의 구조적, 기능적 기본단위인 세포는 육안으로 볼 수 있는 것부터 광학현미경이나 전자현미경으로 관찰해야 하는 것까지 그 종류와 기능 크기와 형태가 매우 다양하다. 세포는 핵의 존재 여부에 따라 원핵생물(prokaryote)과 진핵생물(eukaryote)로 나누어진다. 원핵생물(prokaryote)은 박테리아나 포도상구균 같이 한 개의 세포로 생식과 분열 및 성장할 수 있는 단세포 생물로 세포막과 세포질로 구성되어 있으며, 유전정보 물질(DNA)이 사람처럼 한정된 핵막에 둘러싸여 있지 않고 세포질(cytoplasm)에 흩어져 있다(그림 1-1). 진핵생물(eukaryote)은 핵(nucleus)이 존재하며 핵 안에는 세포의 발생과 기능을 조절하는 유전정보 물질인 DNA가 한정된 핵막에 둘러싸여 있으며 원핵생물보다 더 많은 세포소기관(cellular organelle)을 가지고 있다(그림 1-2).

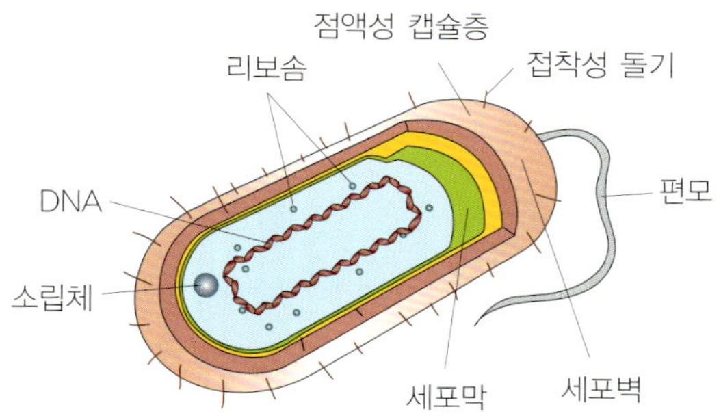

[그림 1-1] 원핵생물인 세균의 모식도

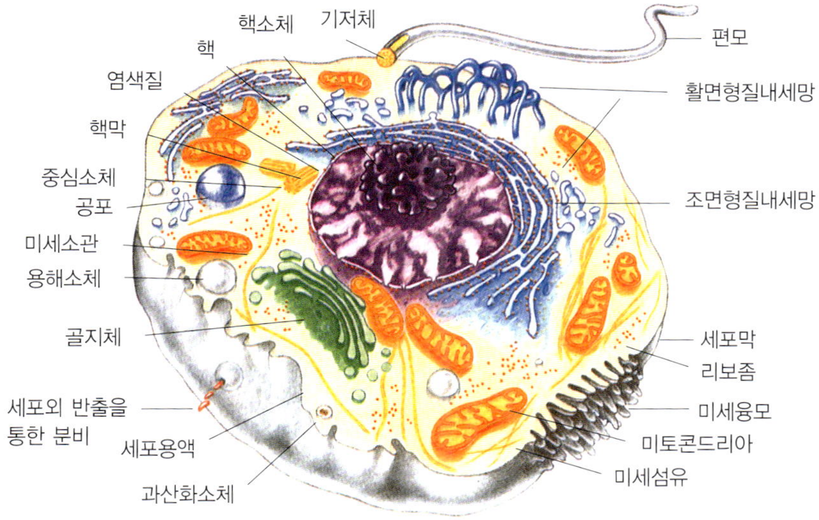

[그림 1-2] 세포의 모식도

여름에 식중독의 원인균이자 원핵생물인 포도상구균(Staphylococcus)은 공모양처럼 둥근 구형으로 직경이 약 1㎛이고, 인체의 대장 내에서 서식하는 대장균(Escherichia coli)은 양쪽 끝이 긴 둥근 막대 모양이며 지름이 2~4마이크로미터(㎛)로 투과전자 현미경에서만 내부 미세구조를 관찰할 수 있다(그림 1-3).

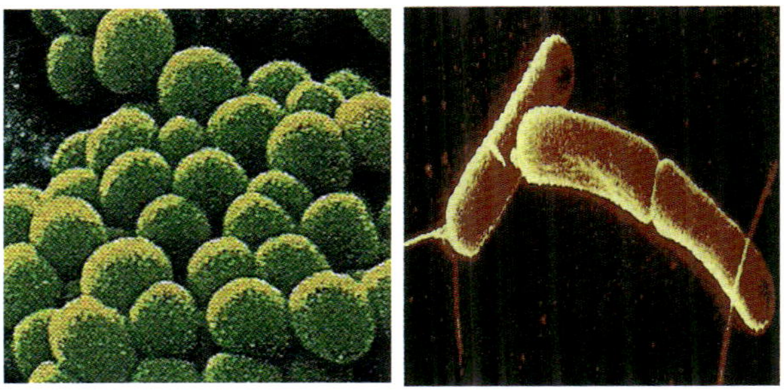

[그림 1-3] 포도상구균과 대장균

사람의 정자는 머리부터 꼬리까지 길이가 약 40㎛, 난자는 약 200㎛이며 혈액 속에 포함된 적혈구는 지름이 6~10㎛의 원반 모양으로 중앙 부위가 오목하고 핵이 없으며, 백혈구는 지름이 12~25㎛로 모양이 일정치 않으며 핵이 있고, 구강상피세포는 약 40㎛로 편평 납작하다. 또한, 달걀보다 20배나 큰 타조알은 단세포 중에서 가장 큰 것으로 알려져 있으며 타조 난자의 난황은 지름이 5㎝의 크기를 가지고 있다.

이렇게 세포의 종류와 크기가 다양한 것은 핵이 조절할 수 있는 세포질의 양이 제한되어 있기 때문이며, 이는 핵 내 유전자의 수가 한정되어 세포질로 전달되는 유전 정보량이 제한되기 때문이다.

또한, 세포의 생명활동에는 외부 물질이 세포막(cell membrane)을 통하여 들어가야 하는데 물질의 통과 속도가 제한되어 있기 때문에 세포가 커질수록 세포 내부와 외부의 물질 소통이 어려워지므로 세포는 최소 크기를 유지하려는 경향이 있다. 그렇기 때문에 아주 작은 생물에서 크기가 큰 코리끼까지 세포의 크기는 별차이가 없다. 이렇게 세포의 크기가 더는 커지지 않고 제한되는 현상을 생물학자들은 세포의 표면적에 대한 체적 비(Surface to Volume Ratio : S/V)라 한다.

즉 생명체의 크기는 세포 크기가 아니라 세포의 수에 의하여 달라지며 하등생물일수록 적고 고등동물일수록 많다.

예를 들면, 하등생물인 단세포 생물은 세포가 하나이고, 초파리는 300만 개의 세포 수로 구성되어 있지만, 고등생물인 사람은 적게는 60조에서 많게는 약 100조 개의 세포들로 구성되어 있다.

세포의 형태는 다양하다. 단일 세포인 경우 표면장력 때문에 일반적으로 구형이거나 타원형(oval form)이지만, 아메바(amoeba)처럼 일정한 모양이 없거나, 사람의 호중구(neutrophil)와 대식세포(macrophage)처럼 불규칙한 형태를 가진 것도 있다. 단핵세포는 아니지만 원핵생물인 세균은 공처럼 둥근 구형(spherical form), 길고 가느다란 막대형(rod form), 코일 모양의 나선형(spiral form) 등의 형태를 가지고 있다(그림 1-4).

[그림 1-4] 세균의 형태들(구형, 막대형, 나선형)

• 출처 : 《세포생물학》, 강영희 외 7인 공역, 아카데미서적, 1992.

또한, 같은 세포라도 부위에 따라 형태가 달라진다. 예를 들면, 인체 피부 중 표피의 기저층을 이루는 기저세포들은 인접한 세포들의 영향을 받아 다각형 형태로 시작하지만, 기저세포들이 위로 올라가서 각질층의 각질세포가 되면 편평 · 납작한 형태로 변화하게 된다(그림 1-5).

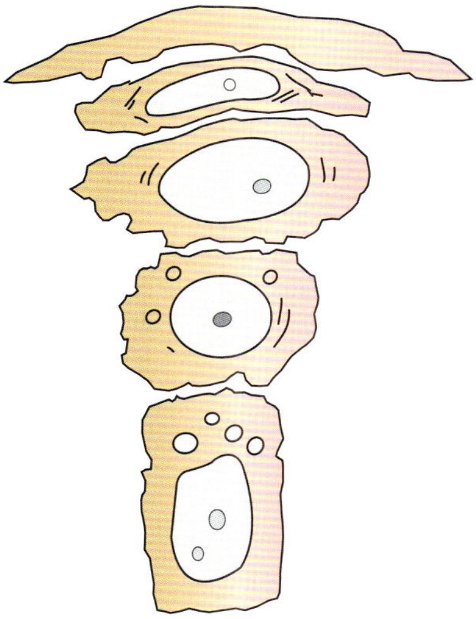

[그림 1-5] 각질세포 형태의 형성과정

2) 세포의 미세구조와 기능

세포는 크게 원형질막(protoplasmic membrane), 원형질(protoplasm), 그리고 핵(nucleus)으로 구성된다.

세포 내 모든 기관들은 원형질 안에 존재하며, 세포 안에 겔(gel) 상태라고 해서 세포질(cytoplasm)이라고도 한다. 이런 원형질을 둘러싸고 있는 막을 원형질막(protoplasmic membrane)이라 한다. 원형질과 세포(cell)는 같은 의미로 사용되므로 원형질막은 세포막(cell membrane)이라고도 한다.

세포를 둘러싸고 있는 세포막은 세포의 안팎을 구분해 줄 뿐 아니라 세포의 형태를 유지해 주고, 세포 내부의 미세구조들과 내용물을 보호하는 역할을 한다.

세포막을 전자현미경으로 관찰하면 크기는 약 7.5~10nm 정도이며, 2중막 구조로 보여진다. 인으로 구성되어 있는 2개의 층은 매우 어둡게 보이고, 지질로 이뤄진 1개 층은 밝게 보이는 3단 구조로 나타난다.

세포막의 안쪽은 세포질(=원형질)과 핵이 존재한다. 세포질은 핵, 많은 세포 소기관들, 그리고 교질물질들로 구성되어 있다.

세포소기관(cellular organelle)들은 세포질에 존재하는 특정 기능을 수행하도록 분화되어진 작은 기관들(organs)이며, 교질(colloid, 콜로이드)은 물 · 단백질 · 지질 · 탄수화물 같은 다양한 종류의 유기 · 무기물질이 녹아 있거나 떠 있는 수분(물)을 의미한다. 교질에는 세포의 대사산물인 색소(pigment)도 포함하고 있다.

세포소기관은 그 크기가 작아 광학현미경으로는 관찰할 수 없고, 투과전자현미경(transmission electron microscope)이나 주사전자현미경(scanning electron microscope)으로만 관찰가능하다. 이런 세포소기관들은 동물세포와 식물세포가 다르고, 같은 동물세포라도 세포의 유형과 기능에 따라서도 다르다.

세포소기관의 유형은 막성 소기관(membraneous organelle), 비막성 소기관(non-membraneous organelle), 그리고 세포골격(cytoskeleton)으로 나뉠 수 있다. 막성 소기관은 한정된 막에 둘러싸여 있는 것으로 미토콘드리아, 골지체, 조면소포체, 활면소포체, 용해소체 등이 포함되며, 막이 없는 리보솜 등은 비막성 소기관에 속한다. 세포골격은 세포의 일정한 형태를 유지시키기 위해서 존재하는 유형이다.

일반 세포에서 세포골격은 미세소관(microtubule)과 미세원섬유(microfibril)가 서로 얽혀 그물 모양의 구조를 이루고 있다. 예를 들자면, 모발은 미세원섬유들이 모여 거대원섬유(macrofibril)를 이루며 동일한 장축 방향을 형성하여 모발이 일정한 모양을 유지하도록 해 준다. 핵은 핵막이라는 막에 둘러싸여서 유전정보를 가지고 세포의 핵심 기능을 수행한다.

3) 세포질

(1) 세포소기관(cellular organelle)

① 미토콘드리아(mitochondria, 사립체)

미토콘드리아(mitochondria)는 외막(outer membrane)과 내막(inner membrane)이라고 불리는 두 개의 막으로 둘러싸여 있다. 외막은 연속적으로 매끈하고, 내막은 기질부에 직각인 형태의 선반 모양이다. 이러한 내막이 손가락 모양이나 관상으로 함입되어 있는 것을 크리스테(cristae)라고 하며, 이것은 미토콘드리아의 구조적 특이사항이다. 미토콘드리아는 대부분이 원형이지만 타원형이나 막대형도 있으며 약 0.2~5㎛ 정도의 크기를 가지고 있다(그림 1-6). 미토콘드리아의 수는 세포의 기능과 종류에 따라 다양한데 간세포(liver cell)와 같이 활동이 왕성한 세포에서는 한 개의 세포 내에 1,000개 이상 존재한다.

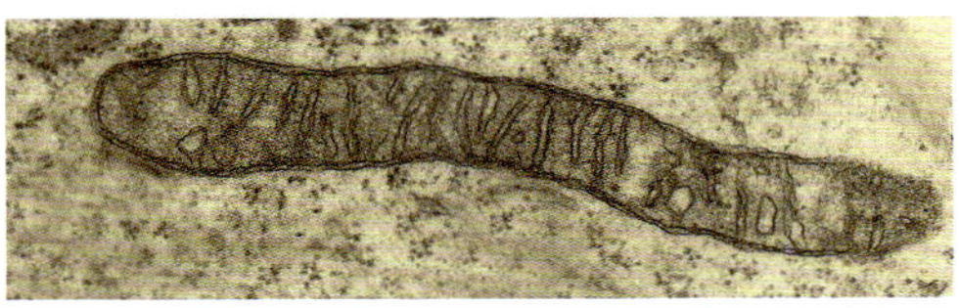

[그림 1-6] 미토콘드리아

미토콘드리아는 세포 호흡이 일어나는 세포소기관이다. 세포 호흡은 에너지를 만드는 과정으로 간략하게 보면 다음과 같다.

6탄소분자인 포도당(glucose) 분자가 세포 내로 들어오면 세포질에서 해당과정(glycolysis)에 의해 3탄소분자인 피르브산(pyruvic acid)으로 분해되고, 분해된 3탄소분자(피르브산)가 미토콘드리아 내막으로 들어가 이산화탄소(CO_2)와 물(H_2O) 분자로 분해되면서 아데노신 3인산(Adenosine Tri-Phosphate ; ATP)인 에너지원을 생성한다.

미토콘드리아에서 에너지원을 만들기 위해서 여러 가지 효소들의 도움이 필요하며, 필요에 의해서 ATP아제(Adenosine Tri-Phosphatase; ATPase)같은 효소의 작용으로 에너지원(ATP)을 만들기도 한다. 그래서 미토콘드리아를 에너지 생성공장이라고 한다. ATP는 화학 에너지 형태로 물질합성, 이동, 근수축 등과 같은 작용에 에너지원으로 사용된다.

② 내형질세망(Endoplasmic reticulum, 소포체)

내형질세망(endoplasmic reticulum)은 여러 형태의 소포체(vesicle)들이 서로 연결된 불규칙한 망사구조이다. 막(membrane)으로 둘러싸여진 주머니(lumen)는 층판구조나 관 모양을 하고 있으며, 주머니 모양의 내강은 수조(cisternae)라 한다. 내형질세망에서 수조는 분지되고 서로 연결된 복잡한 망을 형성하고 있으며, 세포의 종류와 기능에 따라 형태가 넓어지거나 납작해지는 등 다양하게 나타난다.

내형질세망은 과립내형질세망(Rough Endoplasmic Reticulum; RER)과 무과립내형질세망(Smooth Endoplasmic Reticulum; SER)의 두 종류로 구분된다.

과립내형질세망은 표면에 약 150~200nm의 리보솜(ribosome)이 부착되어 있는 내형질세망으로, 거친 표면을 가졌다 해서 조면소포체라고도 한다(그림 1-7). 주요 기능은 리보솜에서 만들어진 단백질을 골지체(golgi apparatus)로 이동시켜 주는 기능을 한다.

과립내형질세망은 활발히 단백질을 합성하여 분비하는 췌장(pancreas)

[그림 1-7] 과립내형질세망(조면소포체)

의 외분비세포, 위장에서 위액을 분비하는 주세포 등과 같은 분비세포에 뿐 아니라 결합조직의 섬유아세포(fibroblast) 및 형질세포(plasma cell) 등에도 발달되어 있다.

막 표면에 리보솜이 붙어 있지 않은 내형질세망을 무과립내형질세망이라 하며, 층판 구조로 되어 있는 과립내형질세망과는 달리 주로 관 형태의 구조물로 되어 있고 다양한 형태를 가진다. 이런 무과립내형질세망은 표면에 리보솜이 붙어 있지 않아 과립내형질세망에 비해 매끄러운 면을 가졌다 해서 활면소포체라 한다. 활면소포체는 부신 피질세포, 간세포, 근세포 등 일부 세포에서 발달되어 독특한 기능을 수행한다. 부신 피질세포에서는 스테로이드 호르몬(steroid hormone) 합성과 대사에 뿐 아니라 이온의 능동수송과 분비에도 관여한다. 간세포에서는 당원 형성 및 저장, 독성물질을 중화시켜 해독하는 작용, 콜레스테롤 합성 등에 기능을 수행한다. 근세포의 활면소포체는 근형질세망(Sar-coplasmic Reticulum ; SR)이라 불리며, 칼슘 저장소 역할을 하고 근 수축 기전에 관여한다.

③ 골지장치(Golgi apparatus, 골지체)

이 소기관은 1898년에 처음 발견한 이탈리아 해부학자 골지(Golgi)라는 사람에 의해서 골지복합체(Golgi complex) 또는 골지체라고도 명명되었으며, 세포의 분비 활동이나 물질 운반에 관여된 일을 하는 세포소기관 중 하나이다.

큰 원형 모양의 골지 공포(golgi vacuole), 편평한 주머니가 여러 겹을 이루는 골지 층판(Golgi lamella), 그리고 직경이 30~70㎚ 정도의 과립인 골지 소포(Golgi vesicle)가 모여 골지 복합체(Golgi complex)를 형성한다. 이들 골지 공포, 층판, 그리고 소포는 서로 끊임 없이 결합하고 분리된다. 즉 골지 복합체는 표면이 평활한 단위 막으로 여러 가지 크고 작은 소포들로 구성되는 것이다.

골지체는 성숙한 적혈구 세포를 제외하고 모든 세포에서 발달되어 있다. 특히 침샘세포, 위세포, 창자, 눈물샘 등 분비세포에 많다. 주요 기능으로는 과립내형질세망의 리보솜에서 합성되어 분비된 전구물질을 모아 분류 · 농축 · 가공 · 포장하여 과립 형태로 분비 · 배출하는 것이 골지장치의 두드러진 역할이다.

이 외에도 당원을 합성하여 분비과립에 당원을 결합시켜주거나 정자(sperm)의 머리끝에 가수분해효소를 많이 저장하고 있는 아크로솜 첨체(acrosome)를 형성하는 일, 그리고 용해소체(lysosome, 리소좀)의 형성에도 관여한다.

④ 용해소체(lysosome, 리소좀)

용해소체는 직경 약 0.2~1.0㎛의 크기를 가진 막으로 둘러싸인 다양한 모양의 소기관이다(그림 1-8). 용해소체는 글리코시다제(glycosidase), 단백질 분해효소(protease), 지방 분해효소(lipase), 핵산 분해효소(nuclease), 설파타제(sulfatase) 등 약 40여 종의 산성 가수분해효소(acid

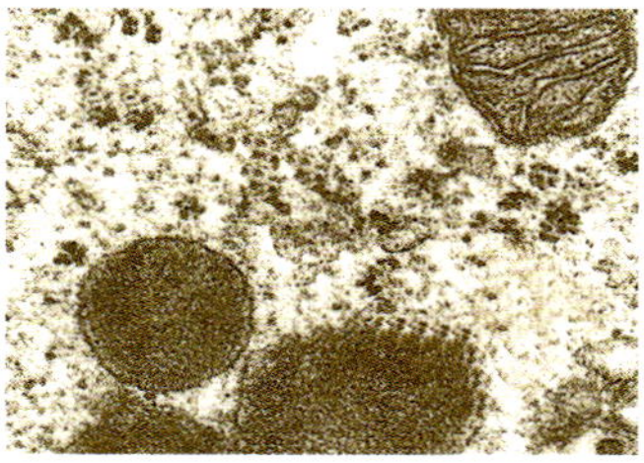

[그림 1-8] 용해소체(리소좀)

hydrolase)를 가지고 있다.

용해소체는 세포 내로 침입한 이물질뿐만 아니라 세포 자신의 구조물에서 불필요하게 된 지방, 단백질, DNA, RNA 등을 소화시키고 분해하는 역할을 하고 있다. 특히 백혈구와 포식작용(phagocytosis)이 왕성한 대식세포(macrophage)에서 발달되어 있는 것을 볼 수 있다.

용해소체에서 분해되지 않고 소체 내에 남아 있는 물질을 잔여소체(residual body)라고 한다. 심근세포나 간세포에서 볼 수 있는 리포푹신(lipofuscin)이라는 색소가 일종의 잔여소체이다.

용해소체의 구조물인 피막이 저산소증, 가산, 비타민 A 과잉 등에 의해 파열되면, 투과력이 증가하게 되어 용해 소체 속의 효소들이 세포질로 방출된다. 이렇게 방출된 효소들은 세포 자체를 분해시켜 세포 자체를 죽게 한다. 이와 같이 자기 자신을 소화하는 현상을 자가융해(autolysis)라고 한다. 자가융해는 올챙이의 꼬리가 퇴화되어 없어지는 현상과 태아의 발생과정 중 모두 붙어 있던 다섯 손가락이 자가융해에 의하여 각각 별개의 손가락으로 형성되는 과정에서 볼 수 있다.

⑤ 과산화소체(peroxisome)

과산화소체는 막으로 둘러싸인 둥근 구형의 막성기관으로 약 0.5nm의 직경을 가진 소기관이다. 크기는 용해소체와 비슷하여 미소체(microbody)라고도 부른다.

과산화소체에는 간과 신장을 구성하는 세포에서 많이 볼 수 있으며 과산화수소(H_2O_2)의 대사과정에 관여한다. 또한, 세포 내에서 과잉 생산되는 지방산을 산화하고 세포 구조와 성분에 치명적인 손상을 일으키는 과산화수소(H_2O_2)의 독성작용을 방지하고 중화하는 데 중요한 역할을 한다.

과산화소체에는 과산화수소의 발생을 촉진하는 퍼옥시다제(peroxidase, 과산화효소), 카탈라제(catalase), 그리고 아미노산 산화효소(D-amino acid oxidase) 같은 산화효소들이 풍부하게 들어 있다.

⑥ 리보솜(ribosome)

리보솜(ribosome)은 별도의 막이 없는 단백질 합성 공장으로 살아 있는 모든 생물에 존재한다. 이는 35%의 리보솜 단백질과 65%의 리보솜 RNA(r-RNA)로 구성된 약 12×25nm 정도 크기의 과립 구조로 된 거대한 복합체이다. 리보솜은 리보솜RNA(rRNA) 성분인 인산기(phosphate group)를 다량 함유하고 있는 호염기성(basophil) 기관이다. 호염기성이란 염기성 염료에 의해서 염색되는 세포나 부위를 나타내다. 그러므로 리보솜이 발달되어 있는 세포들은 호염기성을 나타낸다. 대표적인 세포들로는 췌장의 효소분비세포, 형질세포(plasma cell), 섬유아세포(fibroblast) 등이 있다.

리보솜은 주로 유리리보솜(free ribosome)과 부착리보솜attached ribosome)인 2가지 형태로 존재한다. 각각을 리보솜이 세포질에 유리되어 있는 것을 유리 리보솜이라고 하고 내형질세망에 붙어 있는 것을 부착리보솜이라 한다.

유리리보솜은 3~30개의 mRNA가 연결된 폴리솜(polysome)을 형성하고, 세포 분열과 성장에 필요한 단백질을 합성한다. 여기서 합성된 단백질은 대부분 세포 내부에서 자체적으로 사용되며, 세포 밖으로 분비되지 않는다. 반면 부착리보솜에서 합성된 단백질은 분비용 단백질을 합성하여 세포 밖으로 분비되거나 세포 내에 저장된다.

리보솜에서 일어나는 단백질 합성과정의 시작은 핵의 DNA(유전정보)로부터 암호화된 유전정보를 전사한 전달 RNA(mRNA)가 이 유전정보를 리보솜으로 운반하는 것에서 시작된다. 유전정보를 받은 리보솜은 운반 RNA(tRNA)가 유전정보에 따라 리보솜으로 운반해 주는 아미노산을 결합하여 단백질을 형성한다.

(2) 세포골격(cytoskeleton)

세포골격은 세포의 모양을 만드는 단백질섬유로 다양한 형태로 존재한다. 세포골격의 기능은 세포의 형태 유지뿐만 아니라 세포분열 시 염색체의 정보 전달 및 이동, 세포 내 물질의 이동과 분비, 세포의 운동 등을 수행한다. 일반적으로 세포골격은 3가지 종류의 필라멘트 구조로 된 단백질로 단백질의 종류와 모양 크기에 따라 미세소관(microtubule), 미세사(microfilament), 중간세사(intermediate filament), 중심소체(centriole) 등으로 분류할 수 있다. 지금부터 형태를 살펴볼 것이다.

① 미세소관(microtubule)

미세소관은 프로토필라멘트(protofilament)가 조합된 수도관과 같은 원통형의 긴 막대 구조로 외경이 약 25㎚, 내강의 직경이 약 15㎚, 길이는 수 ㎛에 이르는 구조물이다. 세포질 내에 불규칙하게 퍼져 있다.

튜불린(tubulin)이라는 단백질들이 중합반응(polymerization)하여 이뤄진 미세소관은 기저소체(basal body), 중심소체(centriole), 섬모(cilia), 편모(flagella), 방추사(spindle fiber) 등과 같은 기본구조를 하고 있다. 주기능은 세포의 형태 유지와 세포의 골격을 만드는 일이지만, 유사분열 시 방추사에 의한 염색체의 이동 등 세포 내에서 다른 세포 소기관을 운반하는 작용에도 관여한다.

② 미세사(microfilament)

미세사(microfilament)는 직경 약 7nm로, 세포질 속에서 아주 가는 실과 같은 구조로 나타난다. 미세사는 세포질 속에 가는 구형의 액틴(globular actin) 단백질이 중합되어 만들어진 실 같은 구조로 두 가닥의 나선구조인 액틴 세사(actin filament)와 마이오신 세사(myosin filament)를 형성한다. 이 두 세사는 주로 근육세포에 분포한다.

이 중 액틴 세사는 모든 세포의 세포질에 널리 분포하고 있으며, 각종 액틴결합 단백질(actin-binding protein)에 의해 영향을 받는다.

간세포에 있는 액틴 세사는 쓸개모세관 주변의 겉 형질 층에 분포하여 세포의 형태, 세포막의 탄력, 쓸개모세관에 긴장유지 및 수축과 이완에 관여하여 담즙을 배출을 돕는다.

③ 중간세사(intermediate filament)

외부의 물리적 힘에 대항하여 세포의 모양과 세포의 뼈대를 이루는 것이 중간세사이다. 굵기가 미세소관과 미세사의 중간으로 직경이 약 8~10 ㎚인 미세섬유 형태의 단백질이다. 중간세사는 핵과 세포표면을 연결시켜주는 구조로 세포 내에서 복잡하게 얽힌 그물을 형성하고 있다. 그래서 중간세사의 기능을 설명하는 것으로 세포의 형태 유지와 세포 내 공간배열을 효율적으로 이루어 준다는 이론이 유력하다.

섬유모세포와 같은 중간엽에서 기원된 세포에 특징적으로 존재하는 비멘틴세사(vimentin filament), 상피세포에 특징적으로 나타나는 각질세사(keratin filament), 평활근 세포에 많이 존재하는 데스민세사(desmin filament), 신경세포에 존재하는 신경세사(neurofilament) 등이 대표적 중간세사에 속한다.

④ 중심소체(centriole)

중심소체는 두 개의 원통형으로 배열된 구조물로 주로 핵의 주변에 존재한다. 두 개의 중심소체는 직각을 이루고 길이는 약 0.3~0.5㎛이고 직경은 약 0.2㎛가 된다. 횡단면으로 보면 미세소관 3개가 한조가 되어 9개의 중심소체가 일정한 거리를 두고 원을 이루며 배열되어 있다.

중심소체는 평소에는 특정한 기능을 수행하지 않지만, 세포가 유사분열할 때 자가 복제하여 미세소관으로 방추사를 형성한다. 이렇게 형성된 방추사는 염색체를 두 개로 나눠 딸세포가 같은 수의 염색체를 가지도록 나눠주는 역할을 한다. 유사분열 후기가 되면 새로 만들어진 2개의 딸세포들의 단일 중심소체는 분열하여 모세포와 같은 두 개의 중심소체를 형성한다.

(3) 세포질 포함물(cytoplasmic inclusion)

세포질 포함물이란 세포질 내에서 대사활동에 관여하지 않아 세포소기관처럼 생명을 가지지 않은 물질들이 축적된 것을 세포질 포함물이라 한다.

이들은 대부분 세포의 활동에 따라 일시적으로 생성되었다가 없어지는 경우가 대부분이다. 가장 많은 세포질 포함물은 아래와 같다.

- 당원(glycogen) : 탄수화물은 영양물질로 간세포와 근육세포에 많다.
- 지방(lipid) : 일차적으로 지방세포에 저장되지만 다른 세포에서도 볼 수 있다.
- 결정(crystal) : 과립물질로 내분비샘 세포와 외분비샘 세포에서 생산된 분비물
- 색소(pigment) : 세포 내에서 합성된 내이성 색소와 세포 외에서 섭취한 외래성 색소가 있다.

(4) 세포막(cell membrane)

세포막은 핵과 세포질의 내부를 보호하고 세포의 형태를 유지하는 역할로 세포막은 외부 환경과 경계를 이루고 있다(그림 1-9).

세포막의 모양은 약 7.5~10㎚ 두께의 인지질(phospholipid) 이중층으로 된 이중막이다(그림 1-9). 세포막의 구성 성분은 단백질이 약 60%, 인지질이 40%, 소량의 당과 수분으로 구성되어 있다. 세포막은 이중막으로 화학 구조상 머리 부분은 인산기가 결합된 친수성(hydrophilic)을 띠고 두 개의 지방산이 존재하는 꼬리 부분의 소수성(hydrophobic)으로 인지질이 두층으로 배열

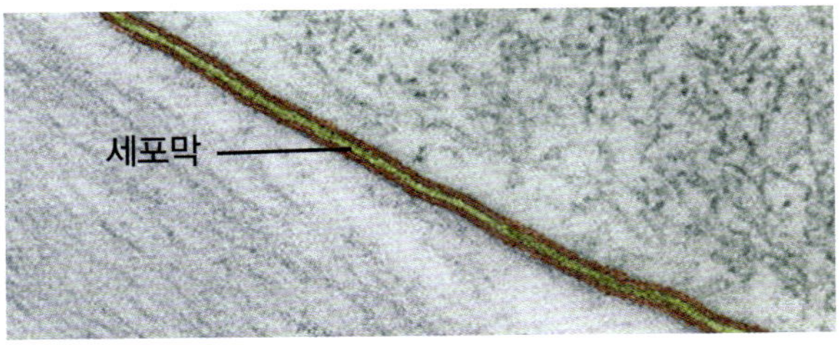

[그림 1-9] 세포막

된 이중층 구조를 형성한다. 인지질은 물과 지질 모두에 친한 양친매성 분자(amphipathic molecule)라 한다

세포막은 사산화오스뮴(osmium tetroxide, OsO_4)에 염색되며, 염색된 부위는 전자밀도가 높은 2개의 어두운 부분과 전자밀도가 낮아 투명하게 보이는 1개의 밝은 부분으로 3층 구조를 하고 있다.

세포막은 선택적 투과막으로 첫째, 주요기능은 물질이동이다. 이는 생명유지와 기능 위해 세포에 필요한 물질은 받아들이고, 필요치 않은 물질은 방출하는 것이다. 안팎으로 이뤄지는 물질의 이동 방식은 확산, 여과, 삼투, 그리고 능동적 운반 등으로 조절되며, 이런 방식을 통해서 항상성을 유지한다.

둘째, 인지기능으로 세포막 수용체(receptor)를 통하여 항원과 이물질 등을 인식한다. 예를 들면, 세포는 세포막의 수용체를 통하여 친숙한 세포들과 물질들을 인지하고, 장기이식 같은 외부 세포나 조직 등에 거부반응을 일으킨다.

셋째는 여러 효소들의 도움이 같이 하는 촉매기능이다. 나트륨과 칼륨이 ATP 분해효소에 의하여 농도를 유지하고, 신경흥분과 근수축 등의 전기신호 전달과 아미노산과 당 등을 운반하기도 한다.

넷째, 수용체 기능이다. 신경세포의 종말에서 분비되는 아세틸 콜린 같은 신경전달물질과 인슐린, 티록신, 노르아드레날린 등과 같은 호르몬과 결합하는 수용기를 가지고 있어 세포 내로 전달한다.

① 유동성 모자이크 모델

유동성 모자이크 모델(fluid mosaic model)은 1972년 싱거와 니콜슨(Singer & Nicolson)이 주장한 모델이다. 이것은 세포를 -176℃의 액체 질소에 급속 냉동시켜 동결 절단법(freeze fracture technique)으로 파괴한 후 관찰해 보니 인지질 2중층의 입자들이 규칙적으로 배열되어 있고, 세부적으로 보면 탄수화물 사슬이 결합되어 있는 당단백질(glycoprotein) 형식의 표면에 약하게 결합된 표재성 단백질(extrinsic protein), 막의 안과 밖으로 관통하는 관통단백질(transmembrane protein), 그리고 인지질에 삽입되어 있는 단백질인 내재성 단백질

(intrinsic protein)이 존재하는 것이 밝혀진 것을 토대로 세포막 구조와 기능을 설명하기 위한 모델이다.

즉 유동성 모자이크 모델이란 세포막 바깥쪽의 당단백질로 인하여 세포 안·밖 간에 상호작용이 가능하며 신경전달물질이나 호르몬 등과 같은 화학적 신호를 받아들여 전환시키는 수용체로서 작용할 뿐 아니라 물질의 이동과 인식 등의 기능을 수행할 수 있다는 것을 설명한 것이다.

4) 핵(Nucleus)

핵은 2중막인 핵막으로 쌓여 다른 세포소기관과는 분리되어 있다. 핵(nucleus)은 1835년 브라운(Brown)에 의해 처음 발견되었다. 핵의 모양은 주로 구형 혹은 난형이며, 세포의 중심부에 위치하고 있으나 세포에 따라 다양하다(그림 1-10). 핵은 세포의 대사와 성장, 분열, 단백질 합성을 조절하고 유전 물질인 DNA를 다음 세대에 전달한다.

핵은 핵막(nuclear membrane), 핵소체(nucleolus), 염색질(chromatin), 그리고 겔과 비슷한 핵기질(nucleoplasm)을 포함한다.

핵은 주로 구형으로 세포의 중심부에 위치하고 있으나 세포에 따라 다양하다. 핵은 대부분이 한 개의 세포에 한 개의 핵을 가지고 있으나 일부는 핵만 분열하고 세포질이 분열하지 않아 다핵을 가지는 세포도 있다. 다핵세포로는 근육세포가 있으며 성숙되는 동안 핵이 사라지는 표피의 각질세포, 손톱, 발톱 세포 등도 있다.

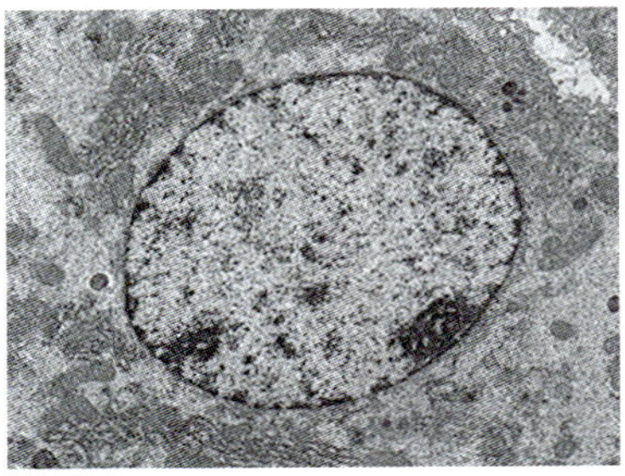

[그림 1-10] 핵

(1) 핵막(nuclear membrane)

세포의 핵을 둘러싸고 있는 막을 핵막(nuclear membrane)이라 한다. 핵막은 유전정보를 보호하고 복제와 유전정보의 전사를 조절하는 역할을 하며 세포질과 격리되어 있다. 핵막은 안과 밖의 단위 막으로 외막과 내막으로 되어 있고, 막은 주로 지질로 이루어져 있고, 안쪽은 유전물질인 DNA와 결합해 있으며, 두 단위 막 사이에는 약 10~30㎚가 되는 좁은 공간이 있는데, 이를 핵막수조(perinuclear cisternae)라고 한다.

핵막에는 다양한 간격을 관통하는 직경 약 50~100㎚ 되는 작은 구멍이 있는데 이 구멍을 핵공(nuclear pore)이라 하며 세포질과 핵 사이의 통로가 된다. 핵공을 통하여 핵에서 만들어진 전령 RNA나 리보솜 RNA가 핵 밖의 세포질로 나가고, 또 세포질에 있는 아미노산(amino acid), 퓨린(purine), 피리미딘(pyrimidine)과 같은 작은 분자들은 필요에 의하여 핵 속으로 들어오게 된다. 즉 핵공은 핵의 내 · 외부가 상호작용하는 연결다리의 역할을 한다.

(2) 염색질(chromatin)

염색질은 세포의 핵속에 존재하며, 유전물질인 DNA와 단백질인 히스톤(histone)으로 구성된 미세섬유성 구조물이다. 염색질은 헤마톡실린 등의 염기성 색소에 염색이 된다.

염색질은 이중 나선구조(double helix)의 DNA에 의해 구상의 히스톤 입자들이 염주처럼 길게 연결되어 있는 형태이므로, 이를 염색질 섬유(chromatin fiber)라고 한다.

뉴클레오좀(nucleosome)은 염색질의 가장 작은 기본단위하며, 중심의 히스톤 입자를 나선형의 DNA가 이중으로 둘러싸고 있는 것을 의미한다.

염색질은 전사 활동(transcriptional activity)을 활발하게 하는 진정 염색질(euchromatin)과 활동이 억제된 이질 염색질(heterochromatin)로 나뉜다.

진정 염색질은 염색질 섬유가 핵질 내에서 넓게 퍼져 있어 옅게 염색되는 부분으로 세포분열이 활발한 세포나 대사기능이 왕성한 세포핵에서 볼 수 있으며 일반적으로 진정 염색질이 풍부하여 밝게 보인다. 반면에, 이질 염색질은 활성이 상대적으로 적으며 특정한 부위에 농축 뭉쳐 있어 염기성 염료에 짙게 염색된다.

여성의 경우 구강상피세포를 떼어 염색한 다음 광학현미경을 통해 관찰하면 두 개의 X 염색체 중 하나는 전사활성이 활발한 진정염색질이고 다른 하나는 농축된 채로 주로 핵막 안쪽에 붙어서 남아 있는 이질 염색체인 성염색질(sex chromatin) 또는 바아르 소체(Barr body)가 나타난다.

(3) 염색체(Chromosome)

광학현미경으로 세포주기에서 간기(interphase)를 지나 유사분열 또는 감수분열을 시작하게 되면 염색질 섬유는 매우 조밀하게 농축되어 염색체를 형성하게 된다.

염색체의 모양과 개수는 생물의 종에 따라 일정하며 염색체의 수와 모양은 유사분열기 중 중기(metaphase)에서 가장 잘 관찰되며, 사람에서는 수정 시 성숙한 난자와 정자에 각각 23개씩 있어 감수분열에 의하여 22쌍의 상염색체(autosome)와 한 쌍의 성염색체(sex chromosome)로 된 23쌍이 구성된다.

염색체를 크기와 모양에 따라 배열한 것을 핵형이라하고 유전질환이나 성감별 진단에 이용한다.

(4) 핵소체(nucleolus)

핵소체는 리보솜 RNA(r-RNA)를 합성하여 세포질로 내보내는 역할을 하는 막이 없는 농축 구조물이다. 핵소체를 핵인이라고도 부른다.

핵소체는 DNA를 적게 포함하고, 리보솜 RNA(r-RNA)와 단백질이 풍부하기 때문에 헤마톡실린 에오진 염색(Hematoxylin & Eosin stain)에서 호염기성(basophil)으로 염색된다. 적은 양의 DNA를 포함하나 활성은 일어나지 않는다. 세포에 따라 한 개 혹은 그 이상의 핵소체를 가질 수 있다. 그러나 핵소체의 수, 모양, 그리고 크기 등은 세포의 종류나 단백질 합성과 관련이 깊다.

5) 세포주기(cell cycle)

인체의 세포분열은 유사분열(mitosis)과 감수분열(mitosis)이 있다. 인체의 체세포는 유사분열(mitosis)을 통해 성장하고, 생식세포는 감수분열(meiosis)로 다음 세대에 유전자를 계승시킨다.

체세포의 유사분열이 시작되어 다음 유사분열까지 반복되는 주기를 세포주기(cell cycle)라 한다. 세포주기는 크게 간기(interphase)와 유사분열기(mitosis)로 나눈다(그림 1-11).

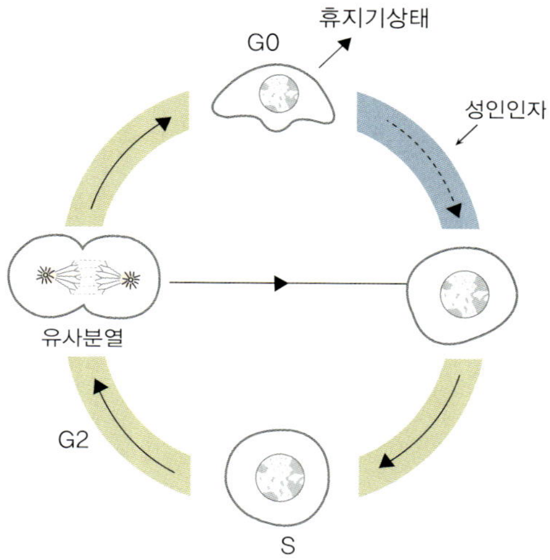

[그림 1-11] 세포주기

(1) 간기(interphase)

간기란 세포분열로 형성된 딸세포(daughter cell)가 다음 분열할 때까지의 기간을 의미한다. 간기는 유사분열기에 비해 기간이 훨씬 길며, 핵 속에서는 다음 세포분열을 위한 준비 작업이 진행되고 있는 것으로 성장 1기, 합성기,

그리고 성장 2기로 진행된다.

① 성장 1기(Growth 1 phase ; G_1 phase)

합성기를 준비하는 시기로 세포분열로 형성된 딸세포가 성장 1기로 들어가게 된다. 이 시기에 RNA를 합성할 뿐 아니라 DNA 합성에 꼭 필요한 단백질과 효소 등을 준비한다. 세포분열 때 소실되었던 핵소체도 이 시기에 다시 나타난다.

신경세포는 한 번 세포분열을 하면 더는 성장하지 않고 성장 1기에서 멈춘다. 따라서 신경세포는 한 번 손상당하게 되면 재생되지 않기 때문에 척추신경이 손상되면 하반신마비가 된다.

② 합성기(Synthetic phase ; S phase)

세포분열 시 딸세포에게 똑같은 수의 DNA를 나눠주기 위해서는 유전물질의 증가가 필요하다. 이렇게 DNA 유전물질이 두 배로 증가되는 시기를 합성기(synthetic phase, S)라고 한다.

③ 성장 2기(Growth 2 phase ; G_2 phase)

성장 2기는 DNA 합성 후기라고도 하는데, 세포분열에 필요한 에너지 저장과 분열장치인 미세소관 등을 준비하는 기간이다. 성장 2기의 시기를 거쳐 다음 분열기로 돌입한다.

(2) 유사분열(mitosis)

간기가 세포분열을 위한 준비 시간이라면, 유사분열은 세포가 직접적으로 둘로 나누어지는 과정으로 체세포분열이라고도 한다. 전기, 중기, 후기를 거쳐 말기로 진행된다(그림 1-12).

① 전기(prophase)

핵막과 핵소체가 없어지고 핵 속에 흩어져 있던 염색질이 농축되어 염색체가 형성됨으로써 시작되는 시기이다. 중심소체는 둘로 나뉘어 양극

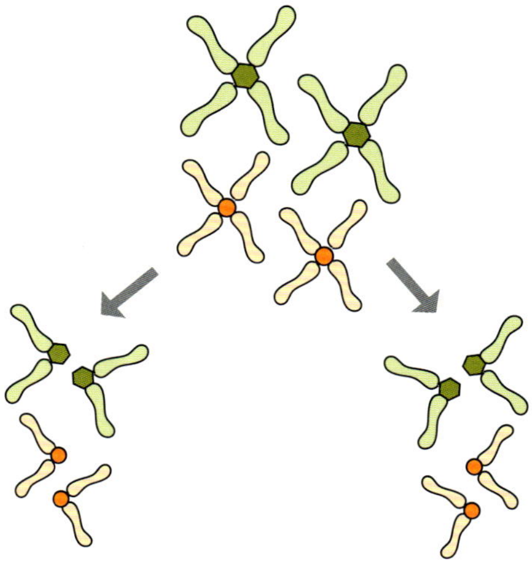

[그림 1-12] 유사분열

으로 이동하고 방추사(spindle)를 형성한다.

② 중기(metaphase)

이 시기에 염색체들은 전기보다 더 농축되어 양 끝 방추사로 염색체를 이동시킬 수 있도록 핵의 중간인 적도판(equatorial plate)에 배열한다. 그러므로 염색체를 관찰하기 위해서는 중기의 분열을 인위적으로 멈추게 한 후 광학현미경을 이용하여 볼 수 있다.

③ 후기(anaphase)

적도판에 배열된 각각의 염색체가 두 개의 염색분체(chromatid)로 나누어져 방추사에 의해서 핵이 양극으로 이동되는 시기이다. 이 시기에 중심소체의 기능이 매우 중요하다.

④ 말기(telophase)

핵막이 형성되어 다시 두 개의 핵으로 완전히 분리된다. 양극으로 끌려간 염색분체의 염색질은 풀어져 그 형태를 잃게 된다. 그래서 진정염색질과 이질 염색질 부위를 제외하고는 더는 중기처럼 광학현미경으로 관찰할 수 없다.

2. 조직(Tissue)

조직(tissue)은 동일한 기능과 목적을 가진 세포들의 집단으로 형태 · 기능적 특징이 비슷하다. 우리 인체의 기본조직은 상피조직(epithelial tissue), 결합조직(connective tissue), 근육조직(muscular tissue), 신경조직(nervous tissue)이다. 이와 같은 4가지 기본조직들이 서로 다른 비율로 결합하여 몸의 여러 가지 기관(organ)과 계통(system)을 구성하며 유기체를 형성한다.

상피조직은 보호작용과 분비작용을 하는 기능으로써 신체 표면, 소화관, 호흡기계 등의 내면을 덮거나 둘러싸고 있다. 이런 상피조직들 중에 기능적이고 특수하게 분화되어 조직액과는 다른 거대분자를 함유한 물질을 합성한 후 방출하는데 이것을 샘(선, gland)이라고 한다(그림 1-13).

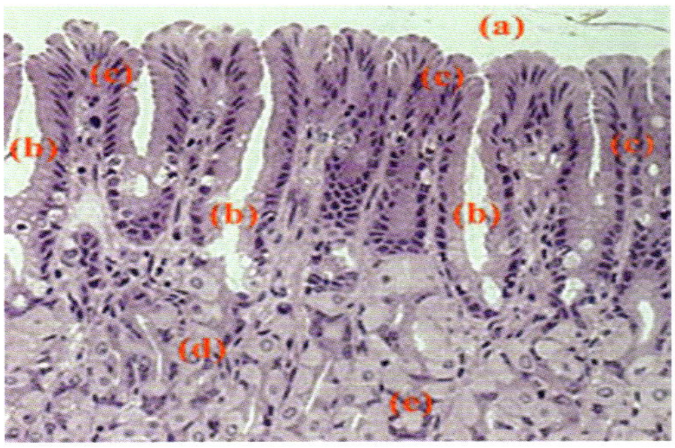

(a) 음식을 저장하는 위 공간
(b) 점액, 효소 및 염산이 분비되는 gasric pits
(c) 염산분비세포
(d) 펩시노겐 효소를 분비하는 Chief cell

• 출처 : http://click4biology.info

[그림 1-13] 점액분비세포

결합조직은 뼈(bone), 연골(cartilage), 인대(ligament), 힘줄(tendon)처럼 조직과 조직 사이, 조직과 기관 사이를 채워 주고 연결해 주며 지지해 주는 역할을 한다. 특수 결합조직인 혈액과 림프액들은 산소와 영양분을 세포 안으로 운반하고 노폐물을 세포 밖으로 이동시켜 제거해 주는 역할을 한다.

근육조직은 골격근, 내장근 처럼 운동을 하기 위해서 수축과 이완을 하며 인체의 여러 부위를 움직일 수 있도록 한다. 근육조직은 인체의 움직임뿐 아니라 인체의 정교한 내부기관을 보호하는 역할도 한다.

신경조직은 인체보호를 위해 수상돌기와 축색돌기를 이용하여 뇌에 전달하고 뇌는 다시 정보를 수집 판단하여 다시 운동신경에 명령을 전달해 주는 역할을 한다.

1) 상피조직(Epithelial tissue)

상피조직은 인체의 외부 표면과 기관의 내면을 둘러싸고 있는 조직이다. 인체 표면을 둘러싸고 있는 상피조직은 인체 내부를 보호하고, 인체 내부 상피조직은 여러 가지 물질과 분비물들이 통과하는 관들의 내면을 둘러싸거나 체강 내에 있는 기관들을 둘러싸서 여러 가지 기능을 수행한다.

일부 상피조직들은 샘으로 변형되어 점액(mucous)과 피지(sebum)를 만들어 상피조직의 표면으로 분비하거나, 호르몬(hormone), 효소(enzyme) 등과 같은 특수한 물질을 합성하여 세포 외부로 방출한다.

상피조직은 세포의 모양에 따라 편평상피(squamous epithelium), 입방상피(cuboidal epithelium), 그리고 원주상피(columnar epithelium)로 구분하고, 세포층의 개수에 따라 단층상피(simple epithelium)와 중층상피(stratified epithelium)로 구분한다. 이렇듯 상피세포의 층수와 모양에 따라 다른 명칭으로 불려진다..

단층상피(simple epithelium)는 상피세포들이 한 층으로 나열되었으며, 단층편평상피(simple squamous epithelium)는 세포의 모양은 편평하고 핵이 중앙에 위치하는 상피이다. 주로 단층편평상피는 혈관 벽의 안쪽 상피인 혈관 내피에서 관찰된다.

단층입방상피(simple cuboidal epithelium)는 입방형의 세포로 샘세포의 분비도관(duct)에 주로 위치하며, 단층원주상피(simple columnar epithelium)는 위와 장의 안쪽 상피와 자궁 내경부 상피에서 볼 수 있다.

단층상피, 단층입방상피, 단층원주상피의 세 가지 유형 세포가 단일조직이 아니라 피부의 표피, 땀샘, 요관처럼 두 개 이상의 층으로 구성되었을 때 중층상피

(stratified epithelium)라고 부른다.

중층편평상피는 각화 유무에 따라 각화된 각화성 중층편평상피(stratified squamous keratinized epithelium)와 각화되지 않은 비각화성 중층편평상피(stratified squamous nonkeratinized epithelium)로 나눈다. 각화성 중층편평상피는 신체의 최외각 표면을 덮고 있는 상피로 각화되는데 14일, 탈락되는데 14일이 소요된다(그림 1-14). 비각화성 중층편평상피는 구강상피세포가 있는데 각질화가 일어나지 않는다.

방광(urinary bladder)의 내강을 둘러싸고 있는 중층상피는 수뇨관을 통해 방광에 요가 채워지면 부피가 늘어나서 세포층이 얇아지는데, 이와 같이 용적이 늘어나는 상피를 이행상피(transitional epithelium)라고 한다. 그리고 세포의 길이가 높아서 중층처럼 보이지만 실제로는 한 층의 세포로 구성되어 있는 상피를 위중층상피(pseudostratified epithelium)라고 부른다. 위중층상피로는 기관지 점막의 위중층섬모성원주상피(pseudostratified ciliated columnar epithelium)가 대표적이다.

모발도 피부 표피의 상피세포가 진피 쪽으로 함입되어 들어가면서 특이적으로 분화된 상피세포들이다. 큐티클세포(cuticular cell)들은 분화되면서 편평 납작하게 된다.

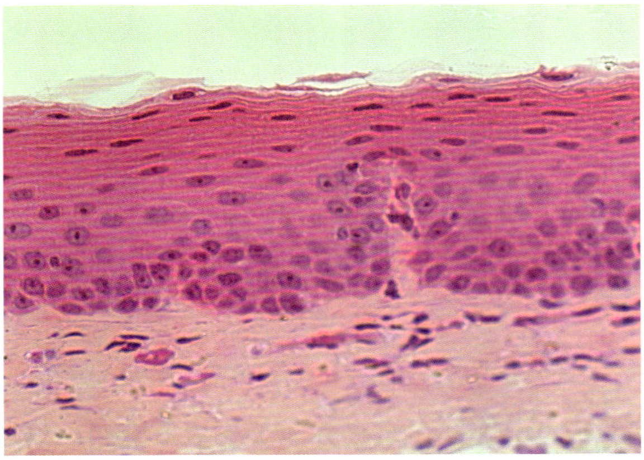

[그림 1-14] 각화성 중층편평상피

2) 결합조직(Connective tissue)

결합조직은 인체 내 가장 많이 분포되어 있는 조직으로 빈 곳을 채워서 기관의 형태를 유지시켜 주는 고유조직과 우리 몸을 지탱해 주는 지주조직이 있다.

결합조직은 상피조직과는 다르게 세포의 수가 적지만 세포 사이의 빈 곳을 섬유(fiber)와 기질(matrix)로 채운다. 섬유는 세 가지 형태로 존재하는데, 가장 많이 차지하는 섬유는 교원섬유(collagen fiber)로서 흰색을 띠고 있어 백섬유(white fiber)라고 한다. 그 다음으로 노란색의 탄력섬유(elastic fiber)가 전체 섬유의 약 5%를 차지하고 있으며, 탄성이 강하기 때문에 동맥, 피부의 진피층 등에 많다. 마지막으로 섬유의 굵기가 매우 가는 섬유로는 골수, 비장, 간(liver) 조직의 형태를 유지하는 그물 모양의 세망섬유(reticular fiber)가 있다.

결합조직은 섬유의 함량이 적은 지방조직처럼 듬성듬성 성긴 구조를 가진 성긴 결합조직(loose connective tissue)과 진피의 망상층 처럼 섬유의 함량이 많아 치밀한 구조를 하고 있는 치밀결합조직(dense connective tissue)으로 구분할 수 있다.

결합조직은 조직과 기관을 지지하고 혈관을 가지고 있어 조직과 순환계 사이에서 영양물과 대사산물을 교환하는 역할을 한다. 또한, 결합조직인 지방조직은 에너지 저장 원으로써 지방의 저장과 대사에 매우 중요한 역할을 한다.

3) 근육조직(muscular tissue)

근육은 대부분의 동물에서 볼 수 있는 가장 흔한 조직으로, 수축할 수 있는 길고 가느다란 세포들로 이루어져 있다. 근육은 중배엽(mesoderm)에서 기원하였으며, 근육세포를 근섬유(muscle fiber)라고 부른다. 근육의 미분화된 세포질은 근세포질(sarcoplasm)이라고 부른다. 근섬유의 수축 단위는 근원섬유(myofibril)이다.

근육의 종류는 무늬의 존재 여부에 따라 근섬유에 가로무늬가 없는 평활근(smooth muscle)과 가로무늬가 있는 횡문근(striated muscle)으로 구분한다.

평활근은 혈관의 내관과 소화기 계통이나 자궁과 같은 내부기관을 둘러싸고 있는 내장근으로 자신의 의지대로 움직일 수 없는 불수의 근(involuntary muscle)이다.

횡문근에는 골격근(skeletal muscle)과 심근(cardiac muscle)이 있다. 골격을 움직이는 근육을 골격근이라 하며 의지대로 움직일 수 있어서 수의근(voluntary muscle)이라고 한다. 심장을 둘러싸고 있는 근육인 심근은 자신의 의지대로 움직일 수 없으므로 불수의 근이라 한다.

3) 신경조직(nervous tissue)

신경조직은 자극(stimulation)을 받아들이고 반응을 전달하도록 되어 있는 특수 조직이다. 신경계를 이루는 신경조직의 구조적, 기능적 단위는 뉴런(neuron)이다(그림 1-15). 뉴런의 구조는 한 개의 뉴런은 핵을 가지고 있는 세포체와 소포체에

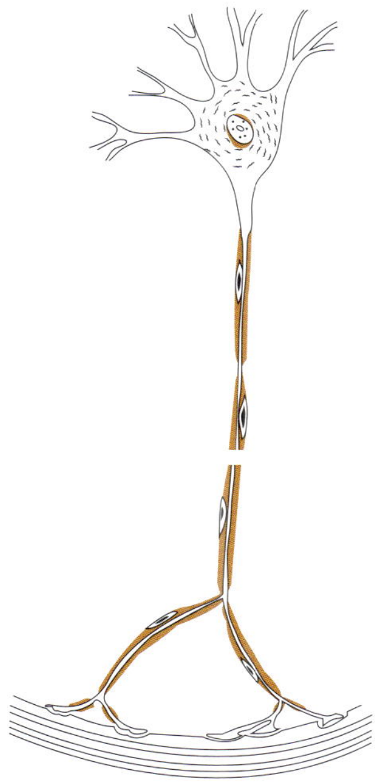

[그림 1-12] 뉴런의 구조

• 출처 : 《사람해부학》, 정인혁, 아카데미서적, 1996.

정보를 전달해 주는 수상돌기, 소포체로부터 정보가 다른 뉴런으로 이동하는 축삭돌기로 이루어져 있다. 대부분의 동물들에게 신경세포의 세포체는 중추신경계(뇌와 척수)와 신경절에 한정되어있으며, 섬유들은 몸 전체를 통하여 멀리 길게 뻗어 있다. 신경 세포 중 중추신경세포는 한 번 손상되면 재생되지 않는다.

뉴런은 사슬처럼 연결되어 있으며, 뉴런과 뉴런 사이에는 틈이 있어서 이 간극을 시냅스(synapse)라고 부른다. 신경섬유들은 전기가 전도되지 않는 절연성 껍질로 쌓여 있는 유수신경과 절연성 껍질이 없는 무수신경으로 나눈다. 신경섬유들은 기능에 따라 감각뉴런(sensory neuron), 운동뉴런(motor neuron), 연합뉴런(associate neuron) 나뉜다.

감각뉴런(sensory neuron)은 피부나 감각기관들에 퍼져 있는 감각 수용기로부터 들어오는 자극을 뇌나 척수같은 중추신경계에 전달하도록 되어 있다.

운동뉴런(motor neuron)은 중추신경에서 근육이나 샘들로 자극을 전달하여, 들어온 자극에 대응하도록 한다. 연합뉴런(associate neuron)은 여러 가지 뉴런들 사이에 이루어진 연결들로 감각을 받아들이고 명령을 전달하는 신경이다.

02 피부의 구조와 구성

인체는 피부라는 막으로 둘러싸여 있으며, 피부의 총면적은 1.5~2.0㎡로 신체 무게의 약 7%를 차지하고 있다. 피부는 물에도 잘 침투되지 않으며 열과 오염물질 등 외부의 자극에 직접 노출되는 것으로부터 보호하는 역할을 한다.

인체를 보호하는 갑옷과도 같은 역할을 하는 피부와 이러한 피부의 기능을 돕는 부속기들은 인체의 항상성을 위해 다양한 기능을 수행하지만 피부의 주기능은 인체를 보호하는 장벽의 역할을 하며, 이러한 기관을 통틀어 외피계(integumentary system)라고 한다.

피부의 표면을 자세히 보면 마치 복잡한 그물 모양과 같다. 이를 현미경으로 확대해서 보면 언덕과 골짜기가 끝없이 연결된 것처럼 보인다. 여기서 언덕처럼 올라온 부분을 피부소릉(skin hill)이라고 하고, 골짜기처럼 움푹 들어간 부분을 피부소구(skin furrow)라고 한다(그림 2-1).

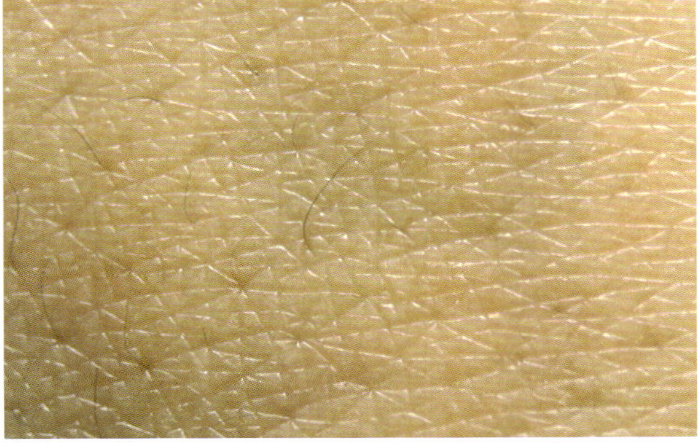

[그림 2-1] 인체의 피부 표면

피부소릉과 소구가 교차하는 곳은 모발이 나오는 구멍인 모공이 위치하고 피부소릉에는 땀을 분비하는 땀구멍이 존재한다. 소릉과 소구의 차이가 적으면 섬세한 피부결(skin texture)처럼 보이고, 소릉과 소구의 차이가 크면 거친 피부결로 보이게 된다. 이처럼 피부결은 소릉과 소구의 차이에 의해 결정된다(그림 2-2).

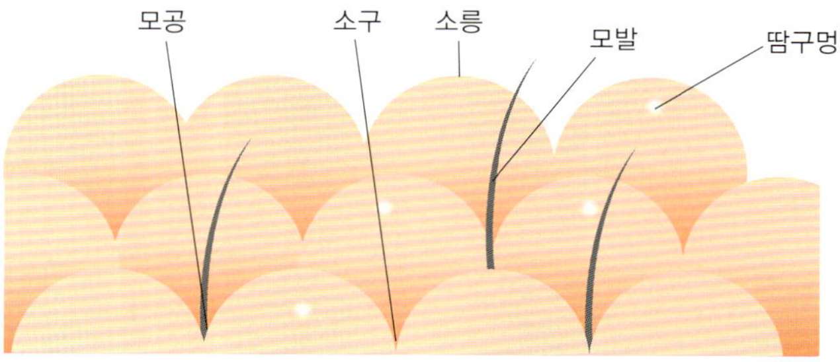

[그림 2-2] 피부 표면의 소릉과 소구

피부는 중층편평상피인 표피(epidermis)와 결합조직인 진피(dermis) 두 가지 유형으로 구성되어 있다. 진피 아래에 있는 피하조직은 엄밀한 의미에서 피부의 일부라고는 볼 수 없으며, 피부를 인체에 고정시키고 충격을 완화하는 역할을 한다.

1. 표피의 구조와 기능

1) 표피의 구조

표피(epidermis)는 피부의 가장 바깥쪽에 위치한 외각층으로 각질형성세포(keratinocyte)가 80%를 차지하고 있는 중층편평상피로 구성되어 있다. 두께는 약 0.1~1.5mm로 가장 안쪽에서부터 기저층, 유극층, 과립층, 투명층, 각질층 순서로 구성되어 있다(그림 2-3).

표피에는 혈관이 없어 표피층이 손상되어도 피가 나지 않고 표피의 일부는 세포핵이 없는 죽은 세포들로 이루어져 있다.

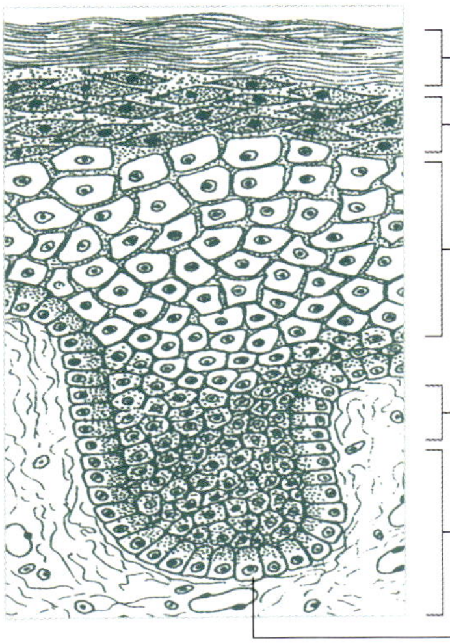

[그림 2-3] 표피의 구조

(1) 기저층

기저층(basal layer)은 진피에서 가장 가까운 곳에 위치해 있으며, 한 개의 층으로 이루어진 단일층의 유핵세포로 표피를 진피에 고정시키는 역할을 한다.

기저층의 가장 중요한 역할은 세포분열로 밤 10시~새벽 2시에 가장 활발하게 일어나고 매일 수백만 개의 세포를 생산하며, 영양공급을 담당한다. 여기서 분열한 세포들은 약 28일 동안 피부 바깥쪽으로 밀려 올라와 유극층과 과립층, 각질층을 형성한다.

또한, 기저층에는 줄기세포(stem cell)와 멜라닌생성세포(melanocyte)가 존재하고 있으며, 멜라닌생성세포는 피부가 자외선에 노출되면 자극을 받아 멜라닌(melanin)색소를 다량 생산해서 방출하게 되고, 멜라닌색소는 진피 내의 색소세포와 함께 피부색을 결정하는 중요한 요소 중의 하나가 된다.

(2) 유극층

유극층(prickle-cell layer)은 표피의 중앙에 위치하여 8~10개의 다층으로 이루어져 있다. 표피 중 가장 두꺼운 층으로 인접한 세포와 가시가 돋친 모양으로 견고하게 결합하여 있기 때문에 가시층이라고도 하며 기저층과 함께 종자층으로 분리되기도 한다.

유극층의 세포들은 크고 타원형으로 핵이 존재하는 살아 있는 세포층으로 세포재생이 가능하다. 유극층에 존재하는 세포 사이에는 영양공급에 관여하는 물질대사인 림프액이 흐르고 면역기능을 담당하는 랑게르한스세포(langerhans cell)가 존재한다.

또한, 다양한 형태의 지질을 저장하고 있는데, 이 지질은 피부를 보호하는 방어막 역할과 콜레스테롤의 저장, 각질세포들의 접착과 탈락에도 관여한다.

(3) 과립층

과립층(granular layer)은 3~5개의 층으로 이루어져 있으며, 각질화가 되는 첫 단계이다. 과립층의 세포질 안에는 케라토하이알린과립(keratohyalin granule)이라는 각질효소로 채워져 있는데, 이 단계에서 핵이 위축되기 시작하면서 퇴행화되어 죽은 세포로 바뀐다.

과립층에서 각질층으로 바뀔 때 과립층 안에 존재하는 핵과 소기관이 모두 사라지기 때문에 과립층의 세포는 납작해진 형태로 피부 표면과 수평적인 배열의 세포층으로 구성된다.

과립층에는 천연보습인자(NMF : natural moisturizing factor)의 모체인 프로필라그린(profilagrin)을 포함하고 있으며, 이 성분은 각질층에서 아미노산으로 바뀌어 피부 보습에 영향을 주는 NMF(천연보습인자)를 형성한다. NMF는 세포 내 분비기관 중 하나인 층판과립에 의해 배출되고 각질층에서 각질세포 간의 접착제 역할과 피부를 보호하는 역할을 한다.

(4) 투명층

투명층(clear layer)은 두꺼운 표피에 존재하는 광택이 나는 층으로 핵이 존재하지 않는 투명한 층으로 손바닥과 발바닥처럼 피부가 두꺼운 부위에서 관찰된다. 투명층의 세포질은 무색 투명한 엘레이딘(eleidin)이라는 반유동성 물질로 구성되어 수분침투 및 증발을 방지하고 피부를 윤기 있게 한다.

(5) 각질층

각질층(horny layer)은 표피의 최외각층으로 편평한 모양을 하고 있다(그림 2-4). 각질층의 세포는 건조하고 죽은 세포가 약 20~40개의 층으로 이루어져 있으며 표피 두께의 3/4을 차지하고 있다. 각질(keratin)은 단백질이 딱딱하게 각화된 상태로 바깥층에 가까울수록 세포 사이에 틈이 생겨 자연 탈락하게 된다.

[그림 2-4] 피부 각화세포

기저층에서 분열된 세포가 각질층까지 밀려 올라오는 데 걸리는 시간은 약 14일이 소요되고, 이후에 각질층에서 탈락하는데 약 14일의 시간이 소요되어 피부 세포의 주기는 대략 28일로 이루어져 있다. 각질세포는 하루에 약 2~3개(0.5~1.0g)의 층이 떨어져 나간다.

또한, 각질층은 표피를 보호막으로 만들어주는 질긴 섬유단백질인 케라틴세사(keratin filament)와 기질(ground substance)로 채워져 있으며 단백질(케라틴) 58%, 천연보습인자(NMF) 38%, 지질(피지와 세포간지질) 11%로 구성되어 있다.

각질층의 구조는 단백질로 이루어진 각질세포와 각질세포 사이의 접착제 역할을 하는 지질로 이루어져 있는데, 각질세포간 지질의 주성분은 세라마이드(ceramide), 콜레스테롤(colesterol), 자유 지방산(free fatty acid) 등이 있다. 각질층 내 지질의 조성비에 문제가 생기면 피부를 보호하는 기능이 약화되는 원인이 되기도 한다.

각질층은 수분을 유지하기 위해 천연보습인자(NMF)와 피지, 각질세포간 지질, 각질층의 탈락이 중요한 요소로 작용하고 이 요소들이 부족하거나 문제가 생기면 피부가 건조하게 된다.

각질층은 표피층 내의 수분 손실 및 외부 오염물질로부터 보호하는 일차적인 방어선으로 인체에서 중요한 장벽의 역할을 수행한다.

2) 표피 구성세포

(1) 각질형성세포

각질형성세포(keratinocyte)는 표피의 주요 구성 성분으로 표피세포의 대부분을 차지하고 있으며, 피부의 각질(keratin)을 생성하면서 각화된다.

표피는 기저층, 유극층, 과립층, 투명층, 각질층인 5개의 층으로 구성되어 있으며, 기저층에서 각질형성세포가 세포분열을 위한 DNA(deoxyribonucleic acid)의 합성과 복제 및 RNA(ribonucleic acid)를 생성한다. 단백질 합성과정을 통해 증식하고 자외선에 의한 일광 화상에 의해 스스로 파괴된다.

각질형성세포의 분화에는 칼슘의 역할이 중요하게 작용하는데 칼슘의 농도가 낮으면 각질형성세포가 증식하고, 칼슘의 농도가 높으면 세포의 증식은 중단되고 분화가 일어난다. 표피층에서 칼슘의 농도는 기저층에서 낮게 나타나고 과립층에서는 높게 나타나기 때문에 과립층에서 더 세포증식은 일어나지 않고 각질화되는 기능이 활발하게 나타난다.

(2) 멜라닌생성세포

멜라닌생성세포(melanocyte)는 멜라닌소체(melanosome)와 단백질을 이용하여 피부색에 관여하는 멜라닌(melanin)이라는 색소를 생성하는 세포로 표피의 기저층에서 기저세포 10개당 1개의 비율로 발견된다(그림 2-5).

멜라닌화의 진행과정은 멜라닌소체를 각질형성세포로 전달하고 각질형성세포로 이동한 멜라닌은 자외선에 의한 광노화나 암 발생으로부터 피부를 보호한다. 대부분의 멜라닌소체는 각질층에서 소실되고 일부는 남아 있게 된다. 멜라닌색소의 이동은 성호르몬과 비타민 D_3의 영향을 받는다.

멜라닌색소는 인간의 피부색에 관련된 주요 세 가지 색소 중 하나이며, 그 외 카로틴(carotene)과 헤모글로빈(hemoglobin)이 포함되고 멜라닌은 피부색 결정에 중요한 요인이 된다. 인종 간의 멜라닌세포의 수는 일정하지만 멜라닌세포에서 형성되는 멜라닌색소는 수나 크기, 분포, 각질형성세포 내에서의 분해 정도에 따라 차이가 나타난다.

흰 피부는 멜라닌세포에서 생성된 소그룹의 멜라닌색소가 빨리 분해되지만, 검은 피부는 멜라닌세포에서 생성된 큰 멜라닌색소가 천천히 분해된다.

멜라닌의 생성은 티로신(tyrosine)에서 시작되고 티로시나아제(tyrosinase) 효소에 의해서 산화가 촉매 되어 멜라닌의 생성을 활발하게 한다. 그 때문에 티로시나아제의 활성도를 억제하는 알부틴(arbutin)이나 유용성 감초 추출물(oil soluble licorice extract) 등을 사용하면 기미와 미백에 도움이 된다.

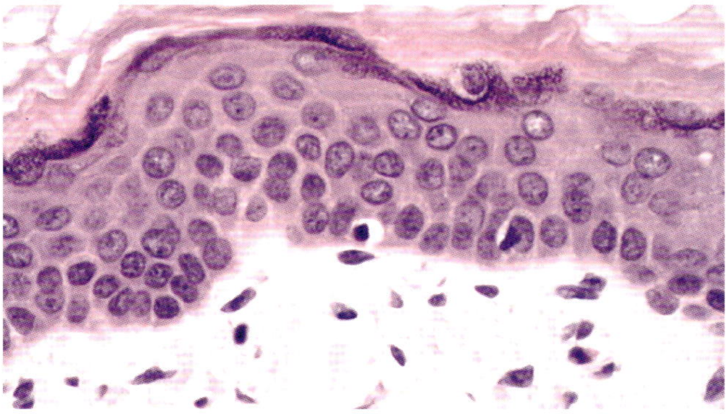

[그림 2-5] 진피와 표피층에 분포된 멜라닌 색소

(3) 랑게르한스세포

랑게르한스세포(langerhans cell)는 면역 시스템 활성화에 관여하며 표피 내에서 2~8% 정도를 차지한다. 모양은 돌기를 가진 형태의 세포로 주로 유극층과 과립층에 소수로 존재하고 16일의 주기가 있다.

신경과도 밀접한 관계가 있어 랑게르한스세포의 기능 조절에 영향을 미치며, 세포 표면에 면역과 관련된 항체수용체와 보체수용체가 존재하고 있어서 외부의 이물질 침입에 신체 방어반응을 인지 및 중계하는 역할을 한다. 이는 T세포와 연계된 항원전달 과정에 관여하여 감염과 염증에 대한 피부반응을 조절하는 기능을 담당하고 피부에서 일어나는 면역반응을 억제하거나 조절하는 기능을 갖고 있다.

랑게르한스세포의 밀도는 사람에 따라 차이가 있으며, 손과 발바닥 등은 밀도가 낮고, 자외선에 노출되거나 노화과정을 거치면 랑게르한스세포의 수가 감소된다.

(4) 촉각세포

촉각세포(merkel cell)는 각질형성세포와 유사한 비각질성 수지상세포인 감각신경 계통의 세포이다. 감각신경이 풍부하여 촉각을 담당하는 촉각 수용성 신경말단기관의 일종으로 주로 표피의 기저층에 존재하며, 태아기의 신경분화 및 성장에 영향을 주기도 한다.

촉각세포는 털이 없는 손바닥, 발바닥, 입술 등에도 존재한다.

2. 진피의 구조와 기능

1) 진피의 구조

진피(dermis)는 강하고 신축성 있는 실제 피부로 표피 아래에 존재하고 표피 15~40배의 두께로 0.3~4mm 정도의 섬유성 결합조직으로 이루어져 있다(그림 2-6). 진피는 피부의 90%를 차지하고 유연성과 탄력성, 장력을 제공하여 신체를 구성하는 역할을 한다.

표피층과 진피층은 서로 돌출된 모양으로 결합되어 있으며, 진피 층에는 혈관과 신경, 림프관, 에크린선, 아포크린선, 기름샘 등의 피부 부속기가 분포되어 있다. 진피층의 주요 구성 세포는 섬유아세포(fibroblast), 비만세포(mast cell), 혈관내피세포(vascular endothelial cell), 신경세포(nerve cell), 조직구(histiocyte) 등이 존재한다.

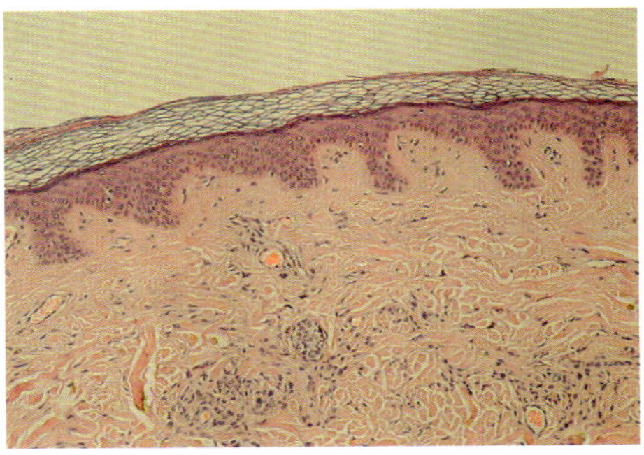

[그림 2-6] 인체 피부, 진피가 표피의 15~40배 두께로 관찰된다.

진피는 표피층에 영양분을 공급하고 체온의 항상성 유지와 물리적 손상에 의한 보호 및 수분을 저장하며 피부재생에도 관여한다. 진피는 유두층과 망상층으로 구분되며 진피의 구성섬유로는 교원섬유(collagen fiber)와 탄력섬유(elastic), 세망섬유(reticular fiber) 등으로 구성되어 있다.

(1) 유두층

유두층(papillary layer)은 진피의 표층으로 연결 조직이 느슨한 결합 조직으로 된 얇은 층으로 혈관과 림프관이 존재하고 있으며, 특히 손바닥과 발바닥의 유두층에서 돌출된 부분은 피부 표면의 굴곡을 만들어 유전적으로 개인마다 다른 지문(finger print)을 형성하게 된다.

한편, 유두층에는 통증을 감지하는 통각수용기(자유신경말단)와 촉각을 감지하는 촉각수용체가 존재하고, 유두층에 존재하는 모세혈관 고리가 표피의 기저층과 접하고 있으며, 모세혈관을 통해 기저층에 산소와 영양을 공급하는 역할을 한다.

(2) 망상층

망상층(reticular layer)은 깊은 피부층으로 진피의 80%를 차지하고 있으며, 진피를 질기게 하는 교원섬유(collagen fiber)와 탄력섬유(elastic fiber) 같은 결합조직섬유로 이루어져 있다. 콜라겐과 엘라스틴은 섬유아세포(fibroblast)에서 합성되며, 섬유아세포의 상태에 따라 피부 탄력도에 영향을 미친다. 탄력섬유와 교원섬유는 노화 과정에서 섬유 수가 줄어들고 피하지방도 감소되면서 탄력이 줄고 주름이 생긴다.

망상층은 교원섬유가 함유된 결합조직으로 구성되어 있으며, 조직액을 끌어들여 결합함으로써 촉촉함을 유지하게 한다. 또한, 혈관, 땀샘, 기름샘, 모낭, 신경 등이 분포되어 있다.

① 콜라겐(collagen)

콜라겐은 섬유아세포에서 생산되고 콜라게나제(collagenase)라는 효소에 의해 분해된다(그림 2-7). 물에 녹지 않는 단백질로 세포 사이에서 조직을 형성하여 몸을 지탱하고 경계면을 만드는 중요한 역할을 한다.

척추동물이 지닌 단백질의 약 1/3을 콜라겐이 차지하고 있으며, 진피 구성 요소의 90%를 차지하고 있다. 콜라겐을 구성하는 주요 아미노산은 글리신(glycine), 프롤린(proline), 하이드록시프롤린(hydroxy proline) 등이 있다.

콜라겐은 충분한 수분을 함유하고 있기 때문에 피부의 수분 및 탄력성을 유지하는데 관여한다. 성인이 되면서 콜라겐(교원질)의 합성은 1년에 약 1%씩 감소하면서 교원섬유(collagen fiber)가 파괴되고, 인체 노화로 인해 이와 같은 기능이 떨어지게 되면 콜라겐과 무코다당류(mucopoly saccharide)가 물과 결합하는 능력이 떨어지면서 피부 내 수분의 부족 현상으로 인해 주름이 생기게 된다(그림 2-8).

② 엘라스틴(elastin)

탄력성이 강한 탄력섬유(elastin fiber)의 주요 단백질로 콜라겐과 성분이 유사하나 신축성은 콜라겐보다 뛰어나다.

고무와 같이 낮은 탄성계수를 갖고 있기 때문에 작은 힘에도 쉽게 변형되고 쉽게 원형으로 복원되는 고무줄과 같은 신축성을 나타내는 특징이 있다. 이와 같은 특징이 피부를 잡아당겼다가 놓았을 때 원래 상태로 되돌아가는 역할을 하게 되고, 원래 상태로 되돌아오는 시간이 길어진다면 엘라스틴의 손상을 의심해 볼 수 있다.

엘라스틴은 피부의 탄력을 결정짓는 중요한 요소인 글리신(glycine), 알라닌(alanine) 등의 작은 아미노산을 다량 함유하고 있으며 물에 녹지 않는 구조로 이루어져 있다.

또한, 자외선에 의해 비정상적으로 쌓이는 탄력섬유는 피부 광노화의 지표가 되기도 한다.

③ 기저물질(ground substance)

기저물질은 진피의 결합조직섬유 사이를 채우고 있는 친수성 다당체 물질로 무코다당류(mucopolysaccharide)라고도 한다. 기저물질은 자기 무게의 몇백 배의 수분을 보유할 수 있는 친수성 다당체로 다른 조직에 수분을 공급하는 역할을 하고 끈적끈적한 액체 상태의 점액성 물질로 존재한다.

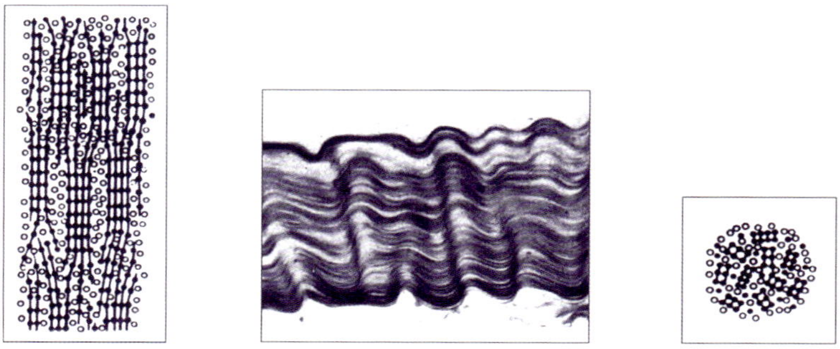

종적 단면　　상구조　　횡적 단면

[그림 2-7] 진피의 교원섬유 가로무늬

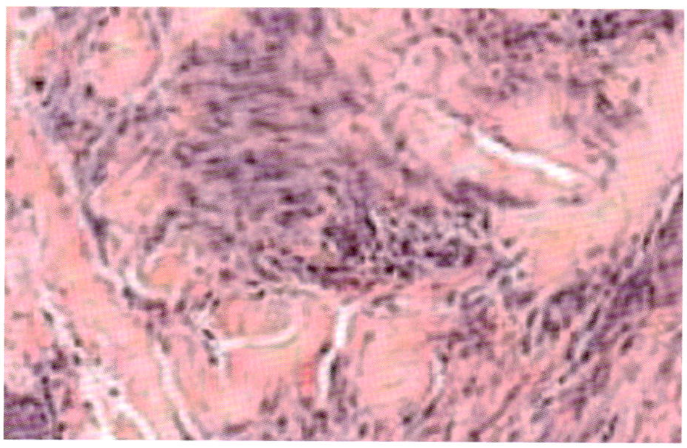

[그림 2-8] 진피의 교원섬유(광학현미경 관찰)

무코다당류는 하이알루론산(hyaluronic acid)과 콘드로이틴황산(condroitin sulfuric acid)으로 구성되어 있으며, 하이알루론산은 탄력섬유와 결합조직섬유 사이에 존재하는 보습력이 가장 뛰어난 성분으로 자기 무게의 80배의 수분을 흡수하는 능력이 있다.

진피 내 하이알루론산은 연령이 증가하면서 감소하게 되고, 동물의 안구나 탯줄, 대동맥, 닭볏에 분포되어 있다. 하이알루론산은 뛰어난 수분 결합능력과 유연효과로 화장품에 사용되는 대표적인 보습제이다.

3. 피하지방

피하지방층(subcutaneous layer)은 진피와 밀접한 관계를 맺고 있어 진피와 피하조직 사이의 경계는 명확하지 않다. 피하지방층은 피부와 근육 사이의 결합조직으로 지방세포 집단이 지방층을 형성하여 피하지방의 형태로 저장되어 있다. 피하지방은 신체 부위에 따라 두께가 다르게 나타나는데 허리와 복부가 가장 두껍고 눈꺼풀은 거의 존재하지 않는다(그림 2-9).

또한, 성인보다는 어린이, 남성보다는 여성의 피하지방이 더 많이 나타나는데 남성은 체중의 20%, 여성은 30% 정도를 차지하고, 지방세포(fat cell)는 생성된 지

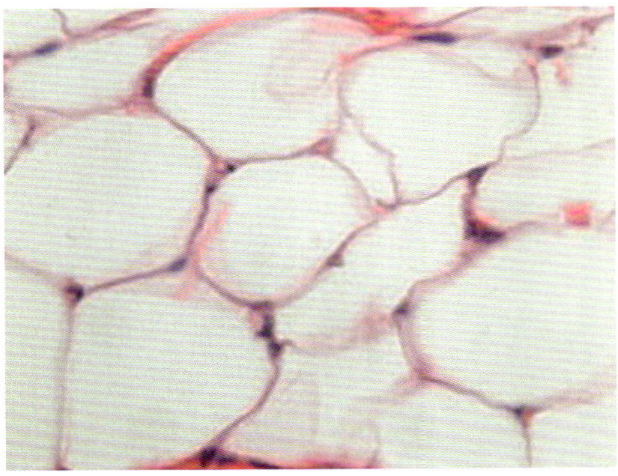

[그림 2-9] 피하지방

5개월이 지나면 피하지방층에 쌓이게 된다.

피하지방층은 열에 대한 전도율이 낮기 때문에 인체에 방한 역할과 몸의 충격을 흡수하여 보호하고, 인체에 필요한 에너지원을 저장하며, 신체의 체형을 결정하고 모양을 유지하는 역할을 한다.

1) 비만

비만(obesity)은 지방세포에 지방이 축적되거나 지방세포가 증식해서 체내 지방조직이 과잉 축적된 상태로 표준체중에서 20% 이상 증가된 상태를 말한다. 성인 남자의 1일 열량 섭취 권장량은 2,500kcal이고 성인 여자는 1,800~2,000kcal로 필요한 열량보다 섭취한 열량이 많을 경우 열량이 지방으로 바뀌어 축적된다.

비만의 원인으로는 유전적인 요인이 비만증 발생에 30~50%의 영향을 미친다고 보고 있으며, 그 외에도 에너지 대사의 불균형과 스트레스, 식생활, 식습관 등의 환경적 요인이 비만에 중요하게 작용한다.

비만은 지방세포의 변화에 따라 비대형(hypertrophic obesity)과 증식형(hyperplastic obesity) 및 혼합형(combination obesity)으로 구분되며 비대형은 지방세포 수는 정상이나 세포의 크기가 증가하는 유형이고, 증식형은 지방세포의 수가 증가하는 유형, 혼합형은 지방세포의 수와 세포의 크기가 모두 증가하는 형태로 중증 비만이나 고도 비만에서 나타나는 전신형 비만이다.

2) 셀룰라이트

셀룰라이트(cellulite)는 지방세포가 정체된 수분 및 노폐물과 결합하여 결절을 이루는 형태이다. 피부조직을 밀고 올라와 피부 표면이 울퉁불퉁하게 오렌지 껍질(orange peel)과 같이 변화하는 현상으로 셀룰라이트 부위의 표면은 차갑고, 여성의 허벅지나 엉덩이, 복부 등에 주로 나타난다(그림 2-10).

셀룰라이트는 비만과는 달리 신진대사의 저하로 혈액순환이나 림프(lymph)순환의 문제에 의해 체액과 지방이 콜라겐 섬유와 결합하여 미세결절을 만들고, 이런 미세결절들이 서로 뭉치면서 거대결절을 생성하여 정체된 현상이다.

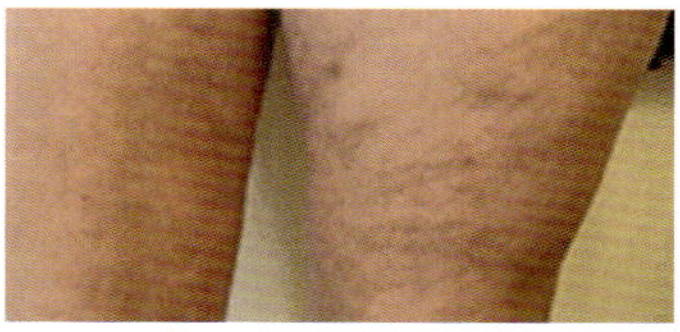

[그림 2-10] 셀룰라이트

주로 비만인 사람에게 나타나지만 마른 체형에도 나타날 수 있는 증상으로 셀룰라이트의 형성 요인으로는 여성호르몬이나 순환계장애 및 잘못된 식습관과 생활습관 등이 악화 요인이 된다.

03 피부 부속기관

피부의 부속기관에는 기름샘, 땀샘과 같은 피브선과 모발, 조갑이 포함되어 있으며, 이 기관들은 진피에서 발생하여 인체의 항상성(homeostasis) 유지에 중요한 역할을 한다(그림 3-1).

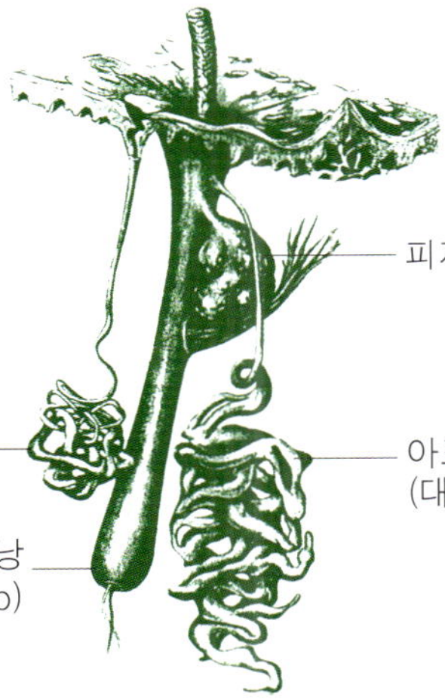

[그림 3-1] 피부 부속기관

1. 피부선

피부선(cutaneous glands)은 주로 진피층에서 도관을 통해 분비물을 인체 밖으로 배출하는 외분비선으로 피부보호 및 체온조절, 물질의 대사기능 등을 하는 기름샘과 땀샘, 유선을 가리킨다.

1) 피지선

피지선(sebaceous gland)은 모낭 내에 있는 털을 통해 피지(sebum)를 분비하여 털의 둘레를 감싸 털을 부드럽고 윤택하게 하며 털이 부러지지 않도록 윤활제 역할을 한다. 또한, 분비된 피지의 일부는 피부 표면에 퍼져 피부의 건조를 예방하고 피부를 촉촉하게 보호하는 역할을 한다.

피지선은 손바닥과 발바닥 등 털이 없는 부위를 제외한 전신에 분포되어 있으며 특히 이마, 얼굴의 중앙 부위와 가슴에 주로 존재하고 대부분의 기름샘은 모발에 집중되어 있다. 두피와 이마, 안면, 흉부의 상부에 분포된 기름샘은 1㎠당 400~900개의 선이 존재하고 그 외 다른 부위에는 약 1㎠당 100개의 선이 분포되어 있다(그림 3-2).

피지선에서 분비되는 피지는 왁스 에스테르(wax ester), 스쿠알렌(squalene), 중성지질, 콜레스테롤(cholesterol) 등으로 구성되어 있으며, 박테리아를 죽이는 물질도 포함되어 있어서 피부 표면에서 박테리아가 내부로 침투하는 것을 막아주기도 한다(표 3-1).

피지의 분비 과정은 피부세포가 8일 동안 조기 성숙을 한 후 일주일 이상 많은

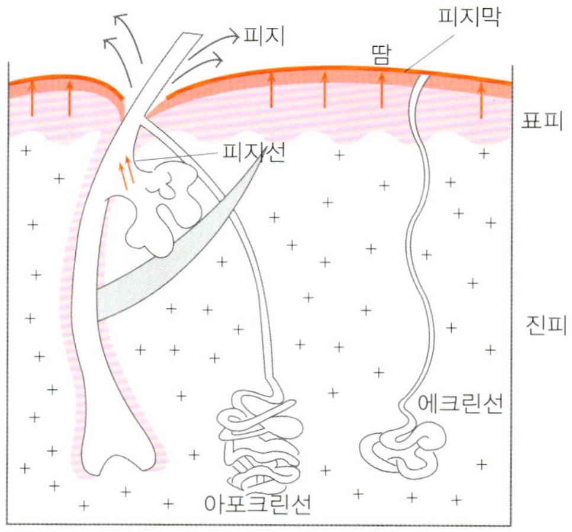

[그림 3-2] 피지의 역할

[표 3-1] 피지의 구성 성분과 비율

구성 성분	비 율
트리아실글리세롤(triacylglycerol) — 중성지방질	63.6%
왁스 에스테르(wax esters)	19.0%
스쿠알렌(squalene)	13.6%
콜레스테롤 에스테르(cholesterol ester)	2.0%
자유 지방산(free fatty acids)	1.2%
콜레스테롤(cholesterol)	0.6%

양의 지방질과 합성 반응을 하여 배출하게 되면 피지는 도관을 통하여 피부 밖으로 분비된다.

피지선의 발달은 남성호르몬의 영향을 받아 피지의 생성이 조절되는 것으로 알려져 있다. 출생 시에는 잘 발달되어 있으나 출생 이후부터 위축되기 시작하고 사춘기를 거치면서 활성화되어 피지량이 늘어나게 되고 그 이후에는 점차 쇠퇴된다.

사춘기 초기에는 여성의 피지 분비가 많으나 그 이후에는 남성의 피지 분비가 많아져서 남성은 80대, 여성은 50대까지 분비율이 유지된다.

(1) 피지의 기능

피부 표면에서 피지는 피부의 보호 및 항상성 유지에 중요한 역할을 수행한다.

① 각질층의 수분유지

기름샘에서 분비되는 피지 성분에 의해 생성되는 글리세롤(glycerol)은 각질층의 수분함량을 유지하는 데 중요한 역할을 한다.

② 표피 각화현상의 조절

불포화지방산은 표피에서 수분손실의 증가 및 이상 각화현상을 유발하는 인자로써 피지 내의 불포화지방산은 표피의 이상 각화현상을 유발하여 여드름 발생에 관여된다.

③ 표피 보호기능 조절

여드름을 유발하는 면포 수를 감소시키고 과각화 현상을 억제시키는 필수지방산은 표피 지질의 구성 성분으로 피지 분비의 증가에 따라 필수지방산은 감소되며, 이때 피부 보호기능이 손상되어 피부를 보호하는 보호막의 기능이 저해된다.

④ 항산화 물질의 공급

대표적인 항산화 물질인 비타민 E는 피지 내에서 비타민E(α-tocopherol)의 형태로 존재하여 피지와 함께 피부 표면으로 분비되어 피부 표면에 항산화 물질을 공급하는 역할을 한다. 이러한 피지의 항산화 물질은 피부의 노화방지에도 중요한 역할을 한다.

⑤ 항균작용

피지에는 면역반응 시스템에 의해 생성되는 강력한 항체인 IgA(면역글로불린 A : immunoglobulin A)를 함유하고 있기 때문에 세균과 곰팡이 등의 감염으로부터 피부를 보호하는 역할을 한다.

2) 한선

한선(sudoriferouse glands)은 전신에 분포되어 땀을 만들어 피부 밖으로 분비하는 외분비선으로 땀샘(sweat glands)이라고도 한다. 1인당 약 200만~500만 개의 땀샘이 분포되어 있으며, 1L의 땀이 분비될 때마다 약 540~580kcal의 에너지가 소모된다.

체온의 발산은 호흡과 피부를 통해 이루어지는데 피부를 통해 조절되는 체온은 전체의 70~80%에 해당되고, 이때 분비되는 땀은 체내의 수분조절 및 체온조절, 노폐물 배출, 피부의 피지막과 산성막 형성에 관여하는 중요한 역할을 한다. 인간이 하루에 흘리는 땀의 양은 일반적으로 약 600~700cc 정도를 흘리고, 격한 운동 시에는 시간당 1.5L의 땀을 배출하기도 한다.

한선은 에크린선이라고 하는 소한선과 아포크린선이라고 하는 대한선 두 종류가 있다.(표 3-2)

[표 3-2] 에크린선과 아포크린선의 비교

	에크린선	아포크린선
분포	전신에 존재 (예외 – 입술 경계, 소음순, 음경 귀두부 등)	일부 분포 (겨드랑이, 항문 생식기 부위, 외이도, 눈꺼풀, 유방 등)
조절	콜린성 신경분포	아드레날린성 신경분포
크기	20㎛	200㎛(에크린 선의 10배)
분비 형식	부분 분비	단두 분비

(1) 에크린선

에크린선(소땀샘, eccrine gland)은 입술의 경계부, 소음순(labia minor), 귀두(glans) 등을 제외한 전신에 존재하고 아포크린선보다 훨씬 많은 약 230만 개가 분포되어 있다.

에크린선은 땀을 생산하고 외부의 온도나 체온이 높으면 땀을 분비하여 체온을 조절하는 역할을 한다. 높은 온도에서 체온이 오르면 에크린선에서 땀의 분비가 일어나고, 이때 나트륨의 재흡수가 촉진되어 몸에서 과도한 나트륨의 손실을 방지하게 된다.

땀은 무색, 무취로 99%가 수분이며 염화나트륨, 비타민 C, 암모니아, 요소(urea), 요산(uric acid), 젖산(lactic acid) 등의 성분을 함유하고 있으며 땀은 약산성(pH 4~6)으로 피부 표면에 존재하는 세균의 성장을 억제하는 데 중요한 역할을 한다(표 3-2).

에크린선은 손바닥과 발바닥, 겨드랑이, 이마 부위에 가장 많이 분포되어 있으며, 분비 부위은 꾸러미 모양으로 진피와 피하지방층의 경계부에 존재하고 땀 사구체(glomerulus)와 땀 운반관(sweating duct)이 있다.

땀이 분비되는 데는 열 자극 외에도 공포나 통증, 분노와 같은 정서적인 자극이 작용을 하고 자율신경계의 영향을 받는 콜린성신경(cholinergic nerve)의 지배를 받는다.

[표 3-3] 땀의 주요 구성 성분

성 분	조성(%)
수분(water)	99
염화나트륨(ClNa)	0.8
요소(urea)	0.1
유산(organic acid)	0.03
아미노산(amino acid)	0.02
암모니아(NH_4)	0.01

(2) 아포크린선

아포크린선(대땀샘, apocrine gland)은 태아에는 거의 모든 피부에서 발견되지만 점점 퇴화하여 출생 시에는 겨드랑이, 생식기 주변, 외이도(external auditory meatus), 유방 주위에 한정적으로 존재한다. 사춘기가 되면 분비부가 발달하여 기능을 시작하게 된다.

아포크린선의 분비는 아드레날린 자극에 의해서 이루어지고, 분비물은 박테리아의 작용을 받으면 끈적거리며, 우윳빛 또는 노란색을 띤다. 무균, 무취이지만 피부 표면의 세균에 의해 불쾌한 냄새가 발생한다.

아포크린선은 pH가 5.5~6.5이며 호르몬의 영향을 받아 아포크린선의 기능이 활발해지고 에크린선과 달리 체온조절에는 관여하지 않는다. 또한, 남성보다는 여성에게 많이 분포되어 있고 백인보다는 흑인에게 많으나 동양인은 백인보다 적다.

3) 유선

유선(mammary gland)은 성인 여성의 유방이 위치하고 젖샘이라고도 한다. 이는 땀샘이 변형, 확대된 것으로 젖샘의 상피세포(epithelial cell)는 임신하면 여성호르몬의 영향으로 증식하고, 분만 후 프로락틴(prolactin) 등의 작용으로 젖을 분비한다. 이와 같은 임신 중 젖샘의 변화는 난소와 태반에서 분비되는 여성호르몬(estrogen)과 남성호르몬(progesterone) 등의 영향에 의해서 발생된다.

2. 모발

모발(hair)은 체모와 두발의 총칭으로 모기질세포의 각질화된 구조물로 80~90%가 케라틴(keratin) 단백질로 이루어져 있으며, 9%의 수분과 미네랄, 멜라닌 색소로 구성된 약산성(pH 4.5~5.5)의 성질을 가지고 있다.

모발의 구조는 피부 밖으로 나온 부분을 모간(hair shaft), 피부 안에 있는 부분을 모근(hair root)이라고 하며, 입술과 손바닥, 발바닥, 유두 등을 제외한 전신에 분포되어 있다(그림 3-3, 3-4).

모발은 자외선과 먼지, 땀으로부터 신체를 보호하고 체온을 조절하며, 촉각을 감지하는 기능을 한다. 성인의 모발은 온몸에 약 500만 개가 있으며 모발은 지속적으로 성장하는 것이 아니라 두피에서는 3~10년의 성장기가 지속되며, 약 3주간의 퇴행기를 거쳐, 3개월간의 휴지기를 지나 다시 성장기로 돌아온다.

이와 같은 모발의 성장주기(growth cycle)를 모주기라 하며 성장기, 퇴행기, 휴

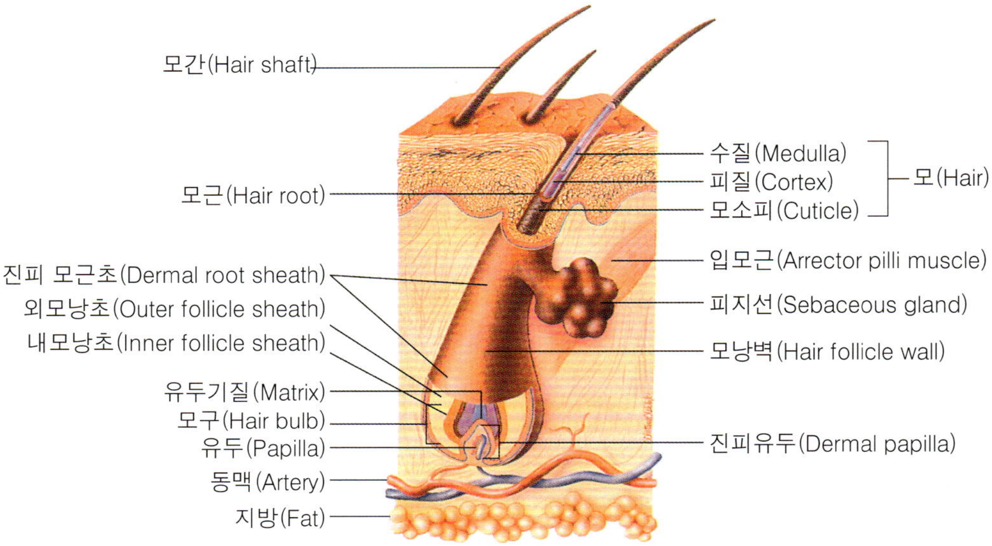

[그림 3-3] 모발의 구조

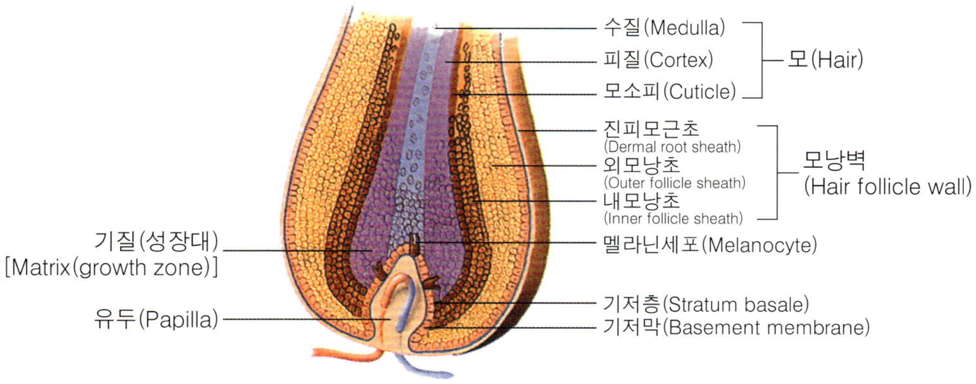

[그림 3-4] 모발의 단면구조

지기의 3기로 구분된다. 건강한 성인의 두발에서 성장기의 모발은 88%, 퇴행기의 모발은 1%, 휴지기의 모발은 11%를 차지한다(그림 3-5).

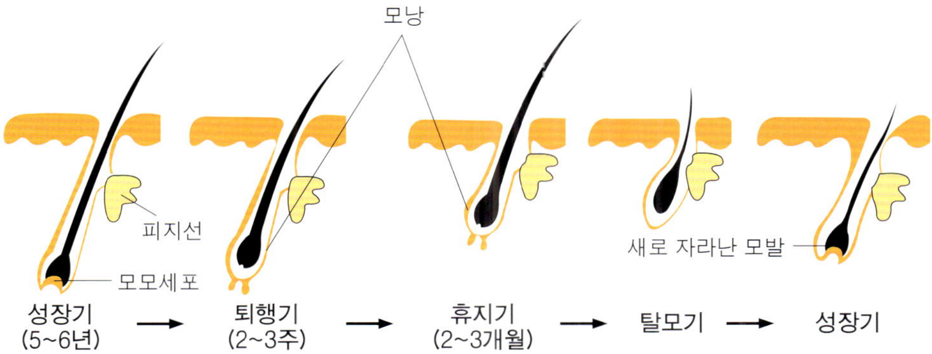

[그림 3-5] 모발의 성장주기

일반적으로 두발은 남성보다 여성이 빠르고 하루 평균 여성은 0.34mm, 남성은 0.33mm 성장하고 하루 평균 약 50~100개의 모발이 소실된다. 하루 평균 약 150개 이상의 모발이 빠지면 탈모 증상을 의심하게 된다.

모발의 성장 속도는 부위에 따라 차이가 나타나지만 낮과 밤에 일정한 비율로 성장하며 모발을 짧게 깎는다고 모발의 성장 속도에 영향을 미치지는 것이 아니다. 또한, 눈썹과 속눈썹을 제외한 얼굴, 몸, 겨드랑이, 음부의 모발은 성호르몬인 안드로겐 호르몬(androgen hormone)과 부신 호르몬(adrenal hormone) 및 갑상선 호르몬(thyroid hormone)의 영향을 받는다.

1) 성장기

성장기(anagen phase)의 모발은 줄기세포에 의해서 새로운 각화세포(keratinized cell)를 만들어낸다. 성장기에 모낭 세포는 왕성한 모유두의 활동으로 세포의 분열이 빠르게 진행되어 모유두 주위에 있는 모모세포가 분열하고 증식하는 기간으로 전체 모발의 80~85%를 차지한다.

이 단계에서 모발은 한 달 평균 1~1.5cm 자라며 성장기의 기간은 3~5년 동안 지속되고 극히 일부 모발은 10년까지도 유지된다.

2) 퇴행기

퇴행기(catagen phase)는 모구부의 수축현상이 일어나 모유두로 부터 모발이 격리됨에 따라 모발의 생장활동과 세포분열이 정지되어 성장기가 끝나고 쇠약해져 케라틴 단백질을 만들어내지 못하는 단계이다.

이 단계의 모낭은 전체 길이의 약 1/3로 위축되어 길이가 줄어들고 모유두에서 분리되는 시기로 전체 모발 중 1%를 차지하며 모낭에서 멜라닌생성세포(melanocyte)는 멜라닌 색소의 생성을 중지하고 퇴화되기 시작한다. 퇴행기의 기간은 약 2~3주 정도이다.

3) 휴지기

휴지기(telogen phase)는 모낭과 모유두가 분리되고 모낭은 더욱 위축되어 모근이 위쪽으로 밀려올라가 모발이 빠지게 되는 휴식 단계이다.

이 시기에 정상적으로 오래된 모발은 새로운 모낭이 자라면서 빠지게 되는데 탈락된 모발에서 모낭은 발견할 수 없고 모근만 분리되어 탈락된다. 휴지기는 대략 3~6개월 정도로 전체 모발의 약 14% 정도에 해당되며 약한 자극에도 모발이 빠지는 현상이 나타난다.

3. 조갑

조갑(nail)은 손톱과 발톱을 통틀어 가리키는 말로 표피가 각화된 각질판으로 하루에 약 0.1mm씩 자라고 대략 6개월 간격으로 교체된다.

조갑은 반투명한 케라틴 단백질 성분으로 손가락과 발가락의 말단 부위를 보호하는 역할을 하며, 7~10%의 수분을 함유하고 있다.

조갑의 밖으로 노출된 부분은 손톱의 몸체를 이루는 투명한 구조물의 조체(nail body)라고 하며, 피부 속에 있는 부분은 손 · 발톱이 생성되는 조근(nail root)이다. 조체와 조근을 받치고 있는 부분은 조상(nail bed)으로 손톱 바로 밑에 혈관이 분포되어 있는 피부로 손톱이 성장하는 데 필요한 영양을 공급한다.

조체와 조근의 경계 부위에는 반달 모양의 반월(lunula)이 위치하고 각피(cuticle)는 조체와 근위부 조갑 주름의 경계 부분을 덮고 있는 각질화된 피부이다(그림 3-6).

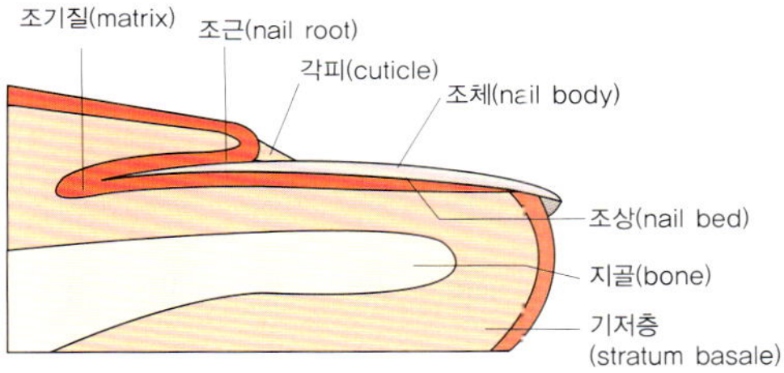

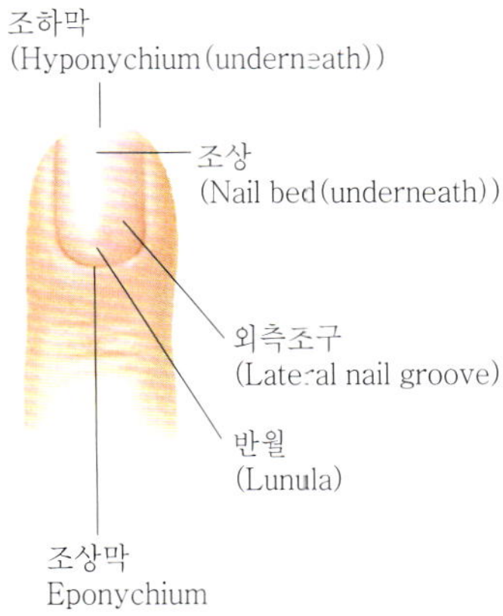

[그림 3-6] 손톱의 구조

04 피지와 수지질막

1. 피지막

피지는 기름 성분으로 피부 표면을 보호하고 피부와 모발에 윤기를 부여한다. 피지선(sebaceous gland)에서 분비되는 기름은 피부를 부드럽게 하고 외부 물질들로부터 피부를 보호한다. 피부는 대개 50~70%의 수분으로 이루어져 있다. 피부 표면을 코팅하는 피지는 수분의 증발을 둔화시키고(경피수분손실(TEWL)로도 알려짐) 세포 내 수분의 수준을 유지시켜 준다. 피부의 표면에는 피지와 땀이 계속적으로 분비되며, 스트레스와 호르몬의 불균형은 피지의 흐름을 증가시킨다.

땀은 피부의 표면에 직접 분비되지만 피지는 모낭에 분비되어 모낭벽을 따라 피부의 표면으로 퍼져 나간다. 땀은 물이고 피지는 기름이지만, 이 두 가지는 피부 표면에서 함께 혼합되어 얇은 막을 구성한다. 성질은 기름막에 가깝기 때문에 이를 피지막이라고 하며, 피부 표면은 피지막으로 인해 매끄럽고 촉촉하며 탄력이 있고 부드러운 피부가 되는 것이다. 산성막 혹은 피부 표면의 지질과 땀의 분비층은 다양한 종류의 박테리아들을 물리친다.

만약 바늘로 피부를 찢거나 구멍을 낸다면 어떻게 될까? 피부에 바늘로 구멍을 낸다면 각질층 세포들이 파괴되고 진피가 노출되며 출혈이 생길 수 있으며, 물리적으로 세포간유동체 혹은 세포간시멘트를 통해 피부에 각종 미생물이 침투될 수도 있다.

[표 4-1] 피지막의 역할

	내용
보호 기능 (Protection)	• 외부 물질의 침투 방지(특히 각질층에서 담당) • 자외선 차단 : 땀에 포함된 우로칸산(urocanic acid)에 의해 UVB를 차단 • 과도한 수분 공급과 건조 방지 기능. 피부 표면 막의 지질 부분은 각질층에서 수분을 유지하는 데에 기여. 이러한 역할은 지질로 이루어진 각질세포막에서도 담당 • 미생물들의 침입 차단. 피부 표면막의 산성은 피부층에서 외부 미생물의 증식을 제한
차별 기능 (Discrimination)	• 피부 표면막은 개인별로 특징적인 고유한 냄새를 전달하는 역할을 함 • 이러한 역할은 후각이 많이 발달하지 않은 인간에게는 부차적인 것임 • 동물 세계에서 후각적인 전달은 동일종의 인식과 포식자의 접근을 알려주거나 성적 유혹을 인식함에 있어서 중요한 역할을 함 • 피부의 지질 : 다양한 화학적인 조성물의 결합으로 특별한 체취를 만들어냄
완충력	• 정의 : 알칼리성이나 산성 물질에 대한 반응으로 생기는 pH의 변화에 빠르게 반응하여 초기의 pH로 되돌아가는 특징을 완충력이라고 함 • 수지질막의 pH는 약간의 산이나 알칼리와 접촉되거나 희석되어도 변화하지 않음. 피부 표면의 알칼리 또는 산성 저항력과 중화능력은 화학적 자극물질들에 대응하여 효과적인 보호 역할을 함
피부 표면막과 피부의 외적 양상	• 개인별 차이는 있지만 이는 수적 · 양적으로 매우 다양한 피부 표면막의 화학적 구성 때문임 • 피부 표면막은 각질층의 상태를 적절하게 조성해 주는데, 심각한 건성 피부에서는 발견되지 않음

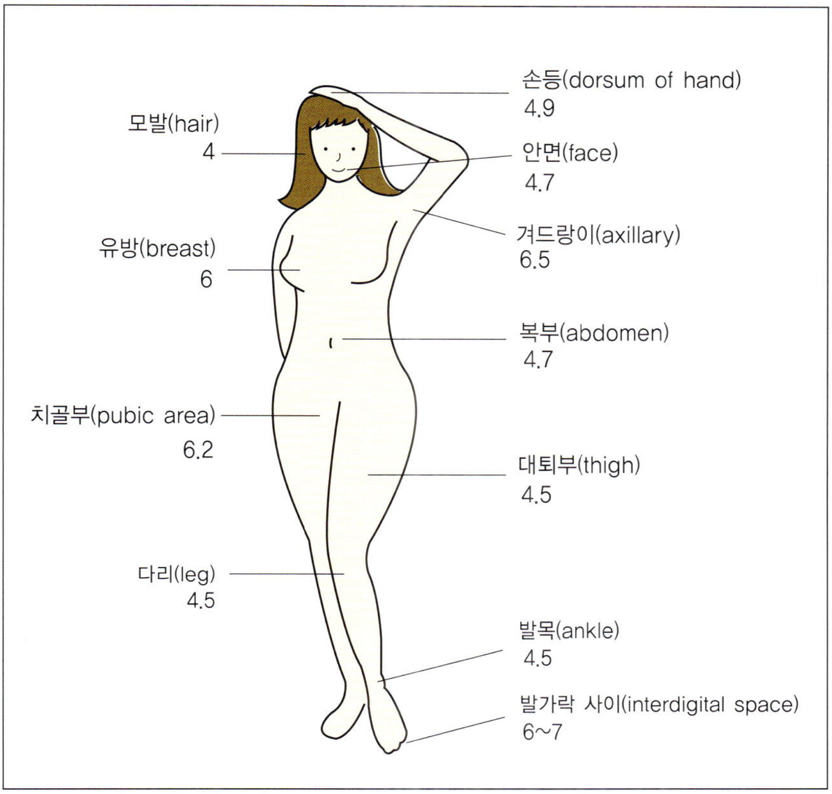

[그림 4-1] 피부 부위에 따른 pH의 변화

2. 피지선의 종류

피부 표면에 지질을 분비하는 부속기관인 기름샘은 여러 가지 형태의 구조로 지질을 분비하는 모낭과 연결되어 있다.

피지선은 진피의 망상층에 위치하며 포유류의 피부에 존재하는 피부 부속기관 중 하나이다. 피지선의 종류로는 얼굴 부위 이마 · 목 · 등 · 가슴에 위치하는 대단위의 피지선과 전신에 분포(손바닥 · 발바닥 제외)된 작은 기름샘 및 털과 연결고리가 없는 피지선으로 입술 · 생식기(대음순) · 유두 · 귀두에 존재하는 독립 기름샘으로 구분하게 된다. 피지선은 피지(sebum)라고 알려진 지질 혼합물질을 분비한다. 피지의 주요 기능은 각질층 표면의 수분증발을 방지하고 외부의 박테리아 침투에 대항하는 산성 막을 제공한다.

3. 피지의 조성

기름샘에서 분비되는 순수 피지 성분은 트리글리세리드(triglyceride)와 왁스에스테르(wax ester), 스쿠알렌(squalene) 및 소량의 콜레스테롤(cholesterol), 콜레스테롤 에스테르(cholesterol ester)로 구성되어 있다. 이 중 스쿠알렌과 왁스에스테르는 표피에서 나오지 않는 피지에만 함유된 성분이다.

4. 피지의 기능

피지 분비는 기온의 영향을 받는데, 기온 상승 시에는 피지 분비량이 증가하고 기온의 하강 시에는 감소한다. 따라서 여름에는 피지 분비량이 증가되지만 겨울에는 감소하기 때문에 겨울철 피부는 비교적 적은 양의 유분만 피부 표면에 남아 피부결이 거칠어지게 된다. 피부를 잘 관리하여 피부 습도를 높이면 피지 분비량이 자연히 증가되는데, 이것은 바로 혈액순환이 좋아져 피지선의 기능이 증진되기 때문이다. 안면 관리의 효과도 여기에 있는데 피지의 주된 기능이 바로 피부 각질층과 모발의 수분 공급(보습)을 돕기 때문이다.

5. 피부의 기능

피부는 외부 요인들과 미생물에 대한 보호 장벽으로 신체를 상해와 공격으로부터 보호해 주는 방어기관이다. 피부 표면막은 다양한 표피 각질화 물질들과 수지질막(hydrolipidic film)을 생성하는 분비물들로 구성된다.

피부의 가장 바깥층은 신체 내의 수분을 잡아주는 역할을 한다. 표피의 피지는 외부 요인들로부터 보호를 하며 산성막은 피지, 지질, 땀과 수분으로 구성된 보호 장벽으로 외부 요인들에 대한 노출과 피부 건조로부터 피부를 보호하는 수지질막을 형성한다. 산성막은 평균 pH 5.5의 약산성 상태를 유지하며 피부의 천연 장벽 기능으로서 표피의 보호막 역할을 한다(그림 4-1). 장벽 기능은 자극과 피부 표면의 증발에 의한 수분 손실인 세포 간 경피수분손실(transepidermal water loss, TEWL)으로부터 보호한다. 지질은 표피의 장벽 기능에 기여하는 물질들이다. 지질은 보호 오일로 표피세포 간 시멘트를 보충한다. 장벽층의 손상은 민감성, 노화와 탈수를 포함한 여러 가지 피부 문제에서 기인한다(그림 4-2).

피부의 가장 놀라운 특징은 자체 치유능력이다. 피부는 손상 시 자체 치유되어 신체를 감염과 손상으로부터 보호한다. 세포의 과보호와 혈액응고를 통해 손상된 피부는 정상적인 두께로 자체 복구된다. 우리 면역계는 박테리아와 같은 부지부식간의 이물질을 공변세포(랑게르한스 세포)가 인지하여 T-세포를 생성하고, 면역세포는 감염으로부터 신체를 보호하며 멜라닌 또한 태양이나 자외선으로부터 신체를 보호한다.

6. 수지질막 혹은 산성막

유분과 수분의 혼합으로 배출되는 유액은 수질과 지질의 양상을 모두 띤다.

1) 수분 : 땀에서 배출

(1) 땀의 99%는 물로 구성됨

(2) 수지질막의 수용성 부분 : 미네랄 물질(염화나트륨 · 염화칼륨 : 칼슘 · 마그네슘 · 구리 등/유기물질들 : 요소 · 아미노산 · 젖산 · 피루브산으로 구성됨)

(3) 수지질막의 수용성 성분들은 피부를 산성으로 만듦

(4) 산성막(acid mantle)의 구성 : 아미노산의 역할이 가장 크며, 이 중에서도 젖산과 피루브산이 각질층을 산성으로 유지시키는 데 중요한 역할을 함

(5) 수지질막에서 지질 부분 : 주로 기름샘에 의해 지속적으로 분비되는 피지와 표피의 각질형성세포가 각질화되면서 화학적 변화를 거친 콜레스테롤이며, 표면의 피부층 구성을 '수용성 지질 단백질층' 이라고 함

7. 피부의 장벽 기능

세포들이 다양한 변화를 겪으면서 지질이라고 하는 다양한 지방을 생성한다. 지질은 각화세포(keratinized cell)들을 잡아주어 피부장벽을 단단하게 고정시키는 역할을 한다. 세포들은 벽돌에 해당하고, 세포 간 지질은 외부환경에 대해 벽돌층을 형성하는 시멘트와도 같다.

세포간시멘트(intercellular cement) 혹은 세포간 지질 주형(interstitial lipid matrix)은 표피 내 세포 사이 특히 각질층(stratum corneum)에서 발견되는 물질이다. 표피의 세포간수분을 묶어주는 역할을 하며 피부 건강을 유지하면서 피부

를 보다 매끄럽고 단단하게 만들어준다. 장벽 기능에서 지질은 세포의 적절한 기능 방해로 생기는 피부 표면의 탈수와 자극 혹은 염증을 유도하는 표피 수분손실(transepidermal water loss : TEWL)을 방지한다.

장벽 기능은 이물질이나 자극적인 물질, 화학 성분들에 의한 공격으로부터 피부의 저항력을 길러주는 등 피부에 침입하는 자극성 물질들을 방어해준다. 벽돌층은 벽돌 사이의 고른 시멘트층을 새롭게 형성한다. 노화되었거나 손상된 벽돌층은 시멘트가 새어나오거나 시멘트가 붕괴되어 시멘트층에 공기가 들어가게 만든다. 장벽 기능을 건강하게 유지하면 피부의 외관과 느낌에서 큰 차이가 난다. 손상된 장벽이 있는 피부는 정상 피부보다 더 쉽게 자극을 받아 건조하고, 거칠고 각질이 들떠 보이며 주름도 더욱 눈에 띈다.

다른 좋은 예는 아기 발바닥에 사용되는 바세린(Petroleum jelly, Petrolatum)이다. 이 경우 바세린은 인조 장벽의 기능에 비유될 수 있다. 바세린은 아기의 피부를 건조와 외부의 자극으로부터 예방한다. 피부 장벽을 구성하는 지질은 수분을 끌어들이고 유지하는 기능을 돕는 다양한 물질들이다. 이 물질들은 천연보습인자(Natural Moisturizing Factors : NMFs)라고 알려져 있으며 이것은 세포들이 각질층으로 가는 과정에서 케라틴으로 채워지는 각화 과정 동안 생성된다. 강력한 보습제인 소듐피씨에이(Sodium PCA), 스핑고지질(sphingolipids), 글리코스핀골리피드(glycosphingolipid, 세라마이드라고도 알려짐), 지방산(fatty acid), 트리글리라이드(triglycerides), 콜레스테롤(cholesterol)은 모두 장벽 기능의 구성성분 들이다.

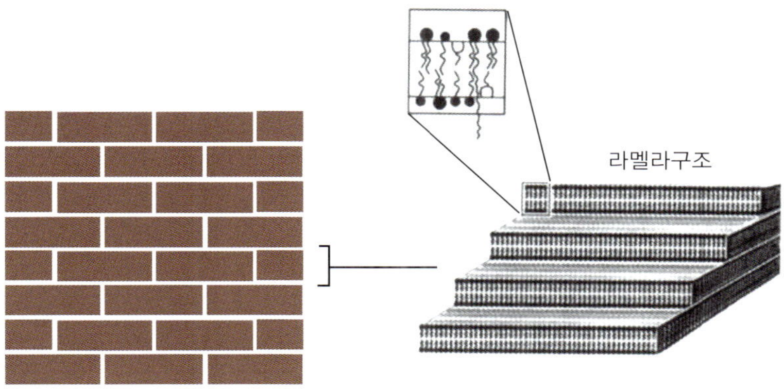

[그림 4-2] 피부 장벽 기능-벽돌과 시멘트의 관계

8. 피부 흡수력

얼마 전까지 과학자들과 물리학자들은 거의 모든 피부가 장벽의 구조라고 믿어왔다. 현재 우리는 수많은 물질들이 피부에 흡수된다는 사실을 알고 있다. 약물은 진피까지 흡수되도록 개발되었는데 이는 약물이 표피와 진피에 흡수된 다음 혈류까지 흡수된다는 것을 의미한다. 이런 발견은 이제 불규칙한 심장박동, 멀미 및 니코틴과 호르몬 패치를 포함한 다양한 트리트먼트에 대한 새로운 통로를 열어주었다.

피부에 흡수력을 더 좋게 하는 최초의 징후들 중 하나는 헥사클로로펜이 만들어낸 우연이었고, OTC(Over The Counter) 클렌저가 유통되던 시기에서 의미하는 향균성은 피부에 바로 흡수되어야 한다는 정의를 바탕으로 하므로 OTC 표기를 제거하였고 현재에 와서는 전문의의 처방이 있어야만 OTC 제품의 사용이 가능해졌다. 다양한 염료들과 방사능이 방출되는 원료들을 활용하는 물질의 피부흡수를 측정하는 다양한 테스트가 이루어졌다. 방사능 물질들은 흡수 정도와 양을 결정하기 위해 조직과 혈액에서 측정되곤 한다.

9. 흡수 경로

피부 흡수에 대한 조사는 여전히 이론적이다. 비록 우리가 아는 많은 물질들이 다양한 경로로 피부에 흡수된다 할지라도, 여전히 다수의 물질들은 피부에 흡수되기 어렵다. 약의 주장과 화장품의 주장에 관한 이슈는 다음의 몇 가지 내용에 영향을 미친다(그림 4-3).

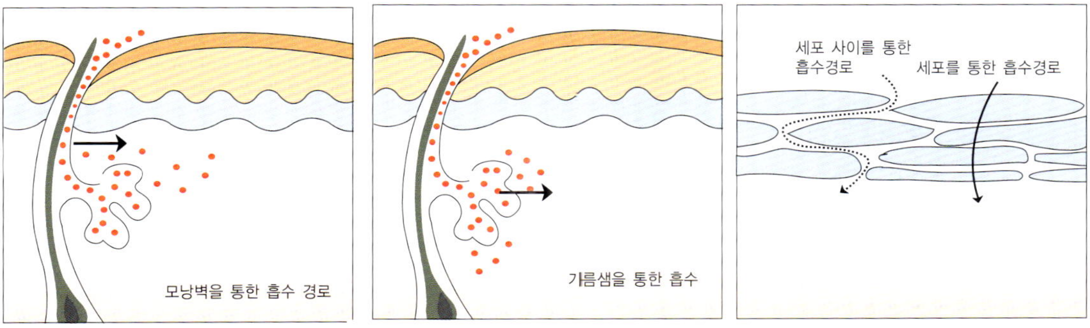

[그림 4-3] 피부 흡수의 주요 경로

1) 약과 화장품의 비교

(1) 본질적으로 속이 빈 튜브형태로 되어있는 모낭은 표피의 구멍에서 시작되어 진피의 뿌리에서 끝난다. 이론적으로 모낭은 진피까지 이어져 있기 때문에 작은 물질들이 충분히 모낭에 침투되어 혈관 가까이에서 끝난다. 모낭의 내부벽에는 다수의 표피세포가 존재한다. 표피층은 근본적으로 모낭 깊숙이까지 들어간다. 모낭이 상대적으로 전체 표피 중에서 지극히 작은 부분을 차지하기 때문에 제한적인 공간이 문제가 될 수 있다.

(2) 피지선은 일부 물질들이 이동할 수 있는 통로를 제공한다. 대다수의 분비선들은 직접 모낭 속에 존재하지 않으며 일부 아포크린선들은 모낭과는 직접적인 관련이 없다.

(3) 세포 간 유액은 표피 침투에 최상의 전달 수단이다.

세포를 잡아주는 지방성 유액은 실제 일부 물질들을 흡수시킨다. 세포들이 기저층에서 각질층까지 어떻게 이동해 가는지 떠올려 보자. 이런 과정에서 세포들은 죽고 케라틴을 형성하지만 세포간시멘트 속으로 더 많은 지질을 분비하는 주름판을 따라 새로운 지질을 만든다.

세포간시멘트에 있는 지질들은 비슷한 물질들을 수용하게 된다. 바꿔 말하면 이론적으로 우리가 세포간시멘트에 있는 지질과 비슷한 물질을 만들 수 있는 경우에 이 물질들은 바로 세포간시멘트에 수용된다.

> 피부 흡수에 영향을 미치는 다른 요인들은 흡수가 일어나는 특수한 부위를 포함한다. 다양한 신체 부위에서의 흡수 순서는 생식기 · 머리 · 몸통과 팔과 다리의 순으로 얼굴은 일반적으로 등보다는 피부흡수가 잘 된다.

피부에 영향을 미치는 다른 요인들로는 흡수가 일어나는 특수한 위치를 포함하는 것이다.

각질세포의 크기는 흡수 잠재성에 중요한 역할을 하는데, 이마의 각질세포는 얼굴의 다른 부위들보다 비교적 작다. 피부가 손상되었거나 뾰루지, 염증이 있다면 더 쉽게 흡수된다. 손상이나 뾰루지 · 습진 · 염증이 있는 피부라면 면역반응이 제대로 발휘를 못 하는 장벽으로 이는 장벽의 손상이나 장애 때문이라고 할 수 있다. 장벽기능의 장애는 알레르기나 자극 원과 같은 원하지 않는 물질들이 피부에 더 잘 침투되게 한다. 장벽기능은 세제, 산, 알칼리 물질, 각질용해제나 자극물질에 대한 노출 과정에서 쉽게 손상될 수 있다.

심지어는 세포 간 유액 사이에 있는 지질을 느슨하게 하거나 용해시키는 알파하이드록시산(α-hydroxylic acid)에 대한 과도한 노출도 화학물질에 대한 지질을 노출시킴으로써 장벽기능을 방해할 수 있다. 각질세포는 그런 부위들에서처럼 두껍지 않다. 흡수된 분자 크기는 침투성에서 큰 영향을 지닌다. 콜라겐 같은 큰 단백질은 잘 침투되지 않으며 세포들 사이로 침투되기엔 너무 크다.

하지만 보습제(소듐피씨에이, 레티노이드, 스쿠알렌과 비타민 A · D와 E 같은 지용성 비타민은 투과성이 훌륭하다. 콜라겐과 같은 큰 입자들은 미용적으로 피부에 꼭 흡수될 필요는 없다. 콜라겐은 실질적으로 표피 사이에서 피부 각질층에 바로 흡착되어 수분을 잡아주고 수분 손실의 감소를 도와준다. 클렌저, 일광차단제와 메이크업 파운데이션은 흡수되어선 안 되는 물질들의 또 다른 예이다. 살리실산과 같은 각질 용해제는 각질층에서만 작용하기 때문에 표면에 머물러 있어야 한다. 다른 층을 용해시키길 원하지 않는다.

의학적 목적으로는 여러 가지 경우에 있어 표피에 흡수시키고, 미용적인 시각으로 볼 때 보습제의 경우 각질층의 더 깊숙한 곳까지 흡수될 수 있도록 보완한다면 보습상태를 장시간 더 유지시켜줄 것이다.

10. 흡수에 영향을 미치는 다른 요인들

각질층의 두께는 명백히 피부 흡수성에 영향을 미친다. 피부 표면에 죽은 세포가 다량 축적되어 있다면 흡수성은 저하된다. 예를 들어 보습제의 도포 시 지나치게 두꺼운 각질층에는 보습제가 잘 흡수되지 않는다. 세포 축적은 대개 각 세포 사이에 현존하는 대량의 케라틴으로 인해 건조하고 잘 부서지며 보습제로부터 수분을 붙잡으려고 한다.

따라서 아래쪽의 각질층은 보습 트리트먼트의 혜택을 받지 못한다. 과도한 지성 피부는 표면에 과도한 피지가 쌓여 흡수가 느려진다. 의사들은 화학적인 필링 제품의 도포 전에 아세톤(axetone)과 같은 강한 용매를 도포한다. 이것은 표면의 과도한 피지를 제거하여 화학적 필링제가 원하는 부위에 더 잘 부착되어 효과를 주기 위함이다. 이것은 의학적 절차를 위한 것으로 에스테틱 살롱의 서비스 목적에는 추천할만하지 않다.

피부의 흡수력에 온도는 큰 영향을 미치는데 비교적 따뜻한 피부는 대개 외부 물질에 더 수용적이며 열은 세포간시멘트에서의 분자들 사이의 활성화와 세포 활성화 자체에 영향을 준다.

히드로코르티손(hydrocortisone) 같은 일부 물질들은 냉습포가 도포되었을 때 더 잘 흡수되는 것으로 알려져 있다. 젖은 피부의 표면에는 수분이 있어 제품의 흡수가 건조한 피부보다 더 수용적이다. 샤워나 목욕 직후 보습제를 도포하면 피부의 수분 보유율을 증가시킨다. 이는 피부의 수분 보유율 증가를 돕는다. 바로 이것이 피부과 전문의들이 환자들에게 샤워나 목욕 직후에 보습제를 도포하라는 이유이다.

05 피부의 생리

1. 피부의 기능

피부는 신체 외부를 덮고 있는 것 이상의 중요한 기능을 하는 신체의 일부분으로 인체 내부의 항상성을 유지하고 정상적인 활동을 위해 중요한 역할을 수행한다(표 5-1).

[표 5-1] 피부의 기능

기 능	작 용
보호	• 멜라닌세포 : 자외선으로 피부보호 • 지질과 각질층 : 미생물 억제 • 각질층 : 수분조절 • 기저물질/탄력섬유/피하지방층 : 물리적 · 화학적 자극으로부터 보호
면역반응	• 랑게르한스세포/각질형성세포 : 염증반응
체온조절	• 땀샘/혈관/자율신경 : 발한 증가 및 억제
감각	• 냉각, 통각, 촉각, 압각, 온각
분비/배설	• 땀샘 : 땀과 노폐물 배설, 각질층과 기름샘 : 지질
대사	• 비타민 D 생성, 피하지방층 : 영양소 저장 및 신진대사
흡수	• 경피흡수
호흡	• 호흡작용(폐호흡의 1%)

1) 보호

피부는 각질층을 두껍게 하여 신체 내부의 물리적 손상에 대하여 보호하고, 외부의 화학적 자극에 의해 일시적으로 pH의 불균형 현상이 나타나도 pH가 정상으로 회복되는 능력이 있다. 또한, 세균으로부터 손상되지 않도록 피부막을 약산성의 상태로 유지하여 박테리아의 성장을 억제하는 역할을 한다.

각질층은 수분 보유기능이 있어서 건강한 피부 상태를 유지하기 위해서는 약 15%의 수분을 함유하여야 하고, 10% 미만으로 수분이 감소되면 건조한 상태가 된다. 수분 함유에서 중요한 성분으로는 수용성인 천연보습인자(natural moisturizing factor, NMF)로 NMF 성분 중 아미노산의 양이 적을수록 피부의 건조도가 커진다(표 5-2). 각질층의 수분 함유량이 떨어지면 피부가 거칠고 갈라지는 현상이 나타나게 된다.

[표 5-2] NMF의 주요 구성 성분

구성 성분	효과	비율
아미노산(amino acid)	피부영양	40%
피롤리돈카르복시산(PCA)	보습유도	12%
젖산(lactate)	피부 유연작용	12%
자당(sucrose), 유기산(organic acid)	보습작용	8.5%
요소(urea)	보습 및 유연작용	7%
염화물(chloride)	수렴작용 및 피부생리 안정화 유지	6%
나트륨(sodium)	공기 중 수분을 흡수하여 보습작용	5%

각질층은 생체 내 수분이 빠져나가지 않도록 하는 수분 방어기능인 세포 간 지질을 유극층에서 생산하여 수분이나 NMF의 증발을 막는 역할을 하고, 각질층 내 지질의 조성비에 이상이 생기면 피부의 보호막 기능을 약화시키는 중요 요인이 된다(표 5-3).

[표 5-3] 각질세포 간 지질의 구성 성분

구성 성분	특징	비율
디아실글리세롤(diacylglycerol) 트리아실글리세(triacylglycerol)	중성지방질	25.2%
자유 지방산(free fatty acid)	중성지방질	19.3%
세라마이드(ceramide)	보습 및 유연작용, 피부보호	18.1%
자유 콜레스테롤 (free cholesterol)	중성지방질	14%
스쿠알렌(squalene)	중성지방질, 피부 침투성이 좋은 유연제	8.5%
스테롤(sterol) 왁스 에스테르(wax ester)	중성지방질, 생체막 중요 구성성분	6.1%
인지질(phospholipid)	세포막 형성 및 신경전달에 중요역할	4.9%
탄화수소(n-alcane)	중성지방질	3.7%
황산 콜레스테롤 (cholesterol sulfate)		1.5%

2) 면역반응

표피에는 면역체계를 담당하는 랑게르한스세포(Langerhans cell)가 항원성이 있는 물질을 인식하여 외부에서 침입한 항원(antigen)을 림프절(lymph node)로 이동시키고 림프구(lymphocyte)를 증식시킨다. 림프구는 각각의 항원에 반응하고 이후에 같은 항원이 피부를 통해 침입할 경우 랑게르한스세포가 림프구로 정보를 보내고 염증 반응을 일으켜 피부 면역에 관여하게 된다.

또한, 랑게르한스세포는 면역반응 조절에도 관여하여 과도한 면역반응을 억제하는 역할을 하고, 이러한 작용이 제대로 이루어지지 못할 경우 만성적인 염증반응과 피부 이상 반응이 나타나게 된다.

3) 체온조절

외부 온도의 변화에도 인체는 일정한 체온을 유지한다. 체온 유지 작용에 각질층과 모발, 땀샘, 혈관 등이 중요한 역할을 하게 되는데, 혈관과 에크린선은 자율신경의 지배를 받는다.

모세혈관의 확장 및 수축에 의한 혈류량의 변화로 혈관이 넓어지면서 열 손실이 일어나고 혈관의 수축과 이완으로 열을 발산하고 저장한다. 또한, 각질층은 체내의 열 발산을 막아주고 외부 온도에 민감하게 반응하지 않도록 한다.

4) 감각작용

피부 내에 있는 신경의 말단인 종말신경소체(Corpuscula nervosa terminalia)에 의해 압각(baraesthesia), 촉각(factus), 통각(sense of pain), 온각(thalposis), 냉각(frigidus) 등의 독립된 감각이 피부의 감각점(sense spot)에서 나타나고, 감각신호가 뇌로 전달되어 위험을 인식하고 몸의 각 기관으로 신호를 전달한다.

감각점은 신체 부위에 따라 차이가 있지만 일반적으로 $1cm^2$당 촉각과 압각점은 25개, 온각점은 0~3, 냉각점은 6~23개, 통각점은 100~200개로 가장 많이 분포되어 있다. 전신에 분포된 통각점은 약 200만 개 정도이며, 압각점은 약 50만 개, 냉각점은 약 25만 개, 온각점은 약 3만 개가 있다.

피부감각의 신경섬유에는 Aβ(촉각 · 압각), Aδ(통각 · 냉각 · 촉각 · 압각), C(통각 · 온각 · 냉각 · 촉각 · 압각) 섬유로 이루어져 있으며 신경섬유를 통해 대뇌피질에 전달된다.

피부의 감각은 외부 자극뿐만 아니라 신체 내부 관절이나 내장에서 일어나는 감각도 포함되며, 피부의 감각 수용기는 전신에 210~400만 개가 분포되어 있다.

5) 분비/배설

땀과 피지의 분비작용은 피부 표면에 습기와 윤기를 주어 피부의 pH를 조절하여 얇은 약산성 막을 형성하여 수분의 침입 등을 막는 방어역할을 한다.

땀의 분비는 물 이외에 요소, 염소, 지질 등을 배설하여 신장의 기능을 돕고 요오드와 브롬, 비소 등의 약물 배설 및 노폐물 배설에도 중요한 역할을 한다. 그러나 땀에 포함된 요소(urea)는 소변(urine)의 1/130에 불과하여, 땀을 통한 배설은 보조기능 정도로 미미하다. 하지만 땀의 분비는 체온을 조절하는 중요한 기능이기도 하다.

6) 흡수

피부의 흡수는 각질층을 통해 세포와 세포 사이를 통과하거나 세포를 투과하는 경로와 모공이나 땀샘, 기름샘 등 피부 부속기를 통해 흡수한다. 그러나 피부는 외부 물질로부터 신체를 보호하는 작용으로 피부를 통한 흡수를 방어하는 기능이 있기 때문에 경피를 통한 흡수에는 한계가 있다.

피부의 세포막은 이중막의 구조를 이루는 인지질(phospholipid)로 구성되어 있지만 각질세포 간 지질의 구성을 이루는 세라마이드(ceramide)와 콜레스테롤(cholesterol) 등은 다중의 층상구조로 낮은 투과도를 나타내어 피부를 통해 물질이 침투되기에는 어려움이 많다(그림 5-1. 5-2)

이 때문에 피부 흡수를 높이기 위해서는 수용성 물질보다는 지용성 물질을 도포

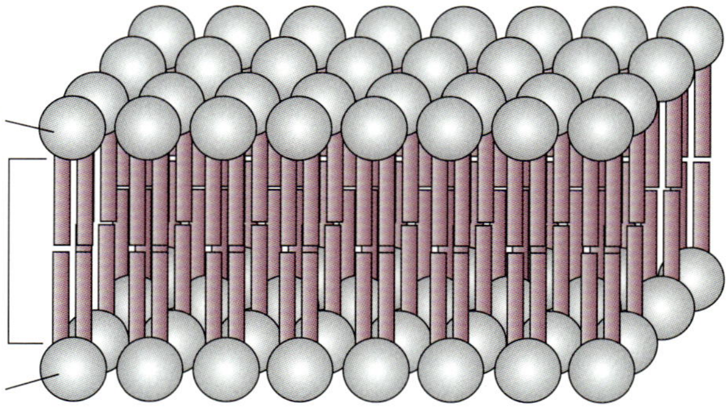

[그림 5-2] 인지질 이중층 구조

하고 피부 표면의 온도를 높이거나 수분량을 증가시키는 방법 등이 있다(표 5-4). 스테로이드(steroid)나 비타민 A, D, E, K와 같이 알코올에 녹기 쉬운 지용성 물질의 흡수는 용이하지만, 비타민 C와 같은 수용성 성분은 쉽게 흡수되지 않는다.

[표 5-4] 피부 흡수에 영향을 주는 요인

구 분	요 인
물리화학적 요인	피부온도, 수분, 분자량, 농도, 극성, 점도, pH, 순도
물리적 요인	연령, 혈류량, 피부 상태, 피부 부위
환경적 요인	습도, 온도, 계절

7) 호흡

피부는 폐호흡의 약 0.5~0.8% 정도의 호흡이 피부를 통해 이루어진다. 피부 호흡은 대기 중의 산소압과 온도 및 습도, 이산화탄소의 압 등에 의해 산소가 피부를 투과하는 것으로 인체 내 작용에 의한 것이 아니므로 조절은 불가능하다.

피부 호흡은 피부세포에 직접 산소를 공급하고 순환계(circulatory system)를 자극하는 기능을 하고, 폐 호흡에 비하여 약 1/200 정도의 미미한 양이 피부를 통한 호흡으로 이루어진다. 피부는 외부로부터 신선한 산소를 흡수하고 체내에서 발생하는 탄산가스를 외부로 배출한다.

2. 피부 장벽의 중요 요인

1) 온도

피부가 손상되었을 때 저온이나 고온의 환경에 노출되면 피부의 재생이 진행되지 않지만 적당한 온도의 환경을 유지하면 피부재생을 촉진시키게 된다.

피부 손상 후 43℃ 이상 또는 4℃의 낮은 온도보다 32~36℃의 피부온도와 비슷한 환경을 유지할 경우 피부의 회복이 촉진된다.

2) 습도

습도는 피부 장벽 기능에서 중요한 영향을 미치는데, 습도가 낮은 상태에 노출되면 표피의 과각질화 반응 및 염증 반응이 진행된다.

피부는 습한 환경에서 건조한 환경으로 변화가 있을 경우 피부 장벽 기능에 이상 반응이 나타나는데 특히 피부에 손상이 있을 경우 더욱 악화되는 현상을 보인다.

아토피성 피부염(atopic dermatitis)과 같은 습진(eczema)이나 건선(psoriasis) 등과 같은 질환이 건조한 계절에 악화되는 이유이기도 하다. 따라서 보습제 등을 이용한 피부 보습에 각별한 주의가 필요하다.

3) 광노화

피부의 노화는 나이를 먹으면서 발생하는 내인성노화(intrinsic aging)와 자외선 환경에 노출되어 발생하는 광노화(photoaging)로 구분된다.

광노화는 주로 만성적으로 자외선에 노출이 많은 얼굴, 목뒤나 손등 부위에 나타난다. 자외선에 노출된 피부는 뻣뻣하고 깊고 굵은 주름과 불규칙한 색소침착을 유발할 뿐만 아니라 모세혈관 확장 등의 증상을 동반한다. 이 때문에 연령에 비해 일찍 노화가 진행된다.

광노화는 비정상적인 탄력소(elastin)의 증가로 진피층의 두께가 증가하고 콜라겐의 양은 매우 감소하는 현상이 나타난다(표 5-4).

[표 5-4] 내인성노화와 광노화

	종 류	내인성노화	광노화
특징		가늘고 얕은 주름 매끄러운 피부 표면 검버섯 증가 안 됨	깊고 굵은 주름 거친 피부 표면 검버섯 증가
표피	세포분열 두께 각질형성세포(기저층) 각질층	정상보다 낮음 정상보다 얇음 불규칙한 변화 정상 두께	정상보다 높음 정상보다 얇음 이상 각화증 균일하지 않음
진피	두께 교원섬유(collagen fiber) 멜라닌 색소 탄력섬유(elastin fiber) 혈관	얇아짐 적절한 감소 정상 정상 또는 다소 증가 정상	두꺼워짐 감소 심함 증가 현저한 증가 모세혈관 확장

자외선에 의한 광노화를 예방하기 위해서는 자외선을 차단할 수 있는 모자나 선글라스의 착용과 자외선 차단제를 도포하는 방법이 있다.

자외선 차단제의 확실한 효과를 위해서는 안면에 도포할 경우 1티스푼(tea

spoon) 정도의 양을 도포해야 차단 효과가 높아지고, 자외선 차단제의 SPF(sun protection factor)가 15일 경우 대략 93%의 자외선을 차단하지만 SPF 30의 자외선 차단제는 대략 97%로 SPF가 2배 이상 차이를 나타내는 것에 비해 차단 정도는 불과 몇 %의 차이밖에 나지 않는다.

또한, SPF는 UVB의 차단지수를 나타내는 것이므로 UVA의 차단지수(PFA)를 나타내는 PA(Protection grade of UV-A)에 대한 여부를 확인해 보아야 한다(표 5-5).

[표 5-5] UVA 차단 정도에 따른 분류

PFA	UVA 차단 정도 분류	UVA 차단 효과
2 이상 4 미만	PA+	있음
4 이상 8 미만	PA++	상당히 높음
8 이상	PA+++	매우 높음

(자료 : 정현아, 2007)

4) pH

pH(hydrogen ion concentration)는 수소이온농도 지수를 나타내는 수치로 피부의 pH는 기름샘과 땀샘 등에서 분비되는 분비물에 의해서 결정되고 표피보다는 진피 쪽으로 갈수록 높아진다.

피부의 이상적인 pH는 약 5.0~5.8로 피부에 약산성 막을 유지함으로써 알칼리 성질을 갖고 있는 미생물에 대한 항균 작용을 한다. 일반적으로 여성보다 남성의 산성도가 높은 편이고, 피부의 산성도는 햇빛이나 환경, 화장품 등에 의해 영향을 받는다.

pH의 비정상화는 피부에 지질을 생성하는 효소를 파괴하여 표피 지질의 감소를 유발한다. 각질층의 응집력이나 정상상태를 억제하여 피부 장벽 기능의 손상 및 염증반응에 쉽게 노출될 수 있는 피부 환경을 만든다.

피부 내부에서 단백질을 분해하는 효소의 활성도가 피부에 손상을 일으키는데, pH 7.0에서 단백질 분해 효소의 높은 활성도가 나타난다.

피부 상태에 따른 pH를 비교해 보면 지성 피부는 pH 4~5, 건성 피부는 pH 6~7, 여드름 피부는 pH 7~8, 소양감(itching) 피부는 pH 7.5~9로 나타난다(그림.17). 피부 상태에 따라 pH가 약알칼리성으로 진행되므로 피부 장벽 기능의 이상에 의한 질환에는 세정제와 같은 알칼리성 제품의 사용을 자제하여 pH를 높이는 상황을 줄이고 피부 pH와 유사한 약산성을 띠는 제품을 사용한다.

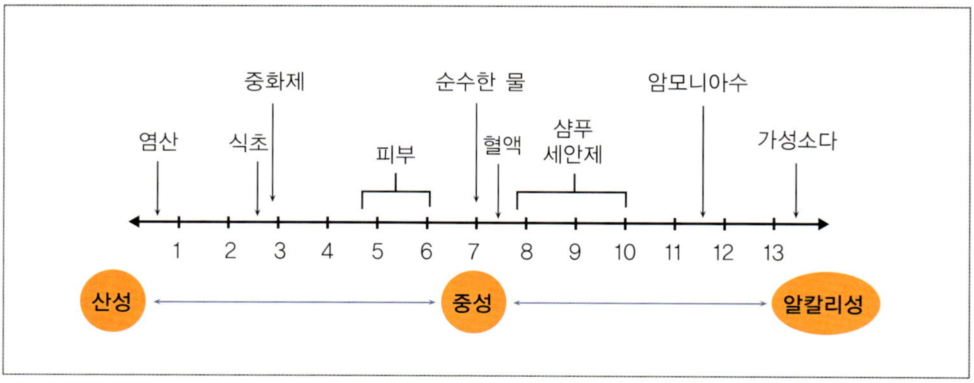

[그림 5-3] pH 분포도

3. Vitamin. D_3와 피부

표피 내에 존재하는 프로비타민(provitamin) D인 7-DHC(dehydrocholesterol)가 자외선(290~315mm)에 노출되면 비타민 D_3로 전환된다. 피부의 기저층과 유극층에서는 비타민 D_3의 생성이 활발히 나타나는 반면, 각질층과 과립층, 진피에서는 소량 생성된다.

비타민 D_3는 인체의 세포에 작용하여 뼈의 생성과 골격 형성, 면역계에서 다양한 역할을 한다. 각질형성세포의 분화 및 외막의 형성, 표피 지질의 합성, 피부의 면역기능 조절 등의 작용으로 피부 장벽 기능의 대부분의 영역에서 중요한 역할을 수행한다.

생리적 농도에서의 비타민 D_3는 자외선(ultraviolet)과 염증 유발 물질로부터 세포를 보호하는 역할을 하고, 표피에서 항균 펩티드의 발현을 촉진시켜 피부 장벽의 항상성 유지에 영향을 미친다. 비타민 D는 피지샘 세포의 증식 억제 및 지질의 축적을 억제하는 데도 영향을 주기 때문에 피지의 생성을 억제할 수 있다.

표피의 각질형성세포에는 비타민 D를 합성할 수 있는 중요 효소들이 존재하고 있으며, 피부에서 비타민 D의 생성은 자외선 B(ultraviolet B)에 의해서 이루어진다. 자외선 B에 의해 생성된 비타민 D에서 비타민 D_3를 합성한다. 비타민 D_3를 합성하기 위해 필요한 자외선의 양은 피부 타입에 따라 차이가 있으나 10㎠의 피부 넓이에 15분 정도만 일광에 노출되어도 충분한 양의 비타민 D가 합성된다.

따라서 피부암을 예방하기 위해 사용하는 자외선 차단제의 과도한 사용은 비타민 D의 결핍 현상을 유도하고 비타민 D가 부족하게 되면 피부암의 발생이 증가하게 된다. SPF(sun protection factor) 8 이상의 자외선 차단제품을 사용하면 피부에서 생성되는 비타민 D의 95%가 감소되는 현상이 나타난다.

4. 피부의 색

피부의 색은 인종과 관련된 중요한 부분으로 인간의 피부는 성별이나 연령, 지역과 계절에 따라서 차이가 나타나고 여성보다는 남성이, 젊은 사람보다는 고령자에게 많은 색소가 존재한다.

피부의 색을 결정하는 것은 피부 표면의 색과 두께, 멜라닌의 양과 분포, 카로틴 등의 색소량, 혈액 등이지만 멜라닌의 차이가 큰 영향을 미친다.

멜라닌의 양이 다량으로 있으면 피부색이 짙어지게 되고, 인체의 자외선 투과율이 낮아지므로 비타민 D 생성에 필요한 자외선이 차단된다. 이 때문에 일광이 강한 지역에서는 짙은 색의 피부색을 가진 인종의 생존이 유리하며, 자외선이 약한 지역에서는 옅은 피부색의 인종이 유리하다.

[그림 5-4] 인종별 피부의 색

한국 여성의 피부색은 황색계 피부와 핑크색계 피부로 나누고, 공업진흥청의 한국표준색표집에서 한국 여성의 피부색 분류를 살펴보면 붉은 톤의 흰, 보통, 짙은 피부와 보통의 톤에 흰, 보통, 짙은 피부로, 그리고 황색 톤에 흰, 보통, 짙은 피부 9가지로 분류하고 있다. 피부색상의 범위는 5YR에서 7.5YR까지이고 명도는 6에서 7까지로 명시되어 있다.

1) 멜라닌

멜라닌(melanin)은 빛을 흡수하여 피부를 보호하는 역할을 하며, 사람의 피부색을 결정하는 중요한 색소로 멜라닌의 양과 분포에 의해 피부색이 결정된다.

멜라닌을 생성하는 멜라닌생성세포(melanocyte)의 수는 흑인이나 백인, 황인종에 따라 큰 차이가 나타나지 않고 인종에 따른 피부색의 차이는 멜라닌생성세포에서 생성되는 멜라닌의 생성 능력과 양, 성숙도, 종류 등에서 차이가 나타난다.

표피의 기저층에 존재하는 멜라닌생성세포에서 생성된 멜라닌 색소는 피부의 신진대사에 의해 각질 표면으로 이동한다. 피부 상층에서 백인의 멜라닌은 가늘게 형성되어 있는 반면에 유색인종의 멜라닌은 각질층까지 골고루 분포되어 짙은 색을 나타내어 피부색에 영향을 준다.

2) 카로틴

카로틴(carotene)은 카로티노이드(carotinoid) 색소의 일종으로 α-카로틴, β-

카로틴, γ-카로틴과 리코펜(lycopene) 등이 있으며 이들의 혼합물을 카로틴이라 한다. 산소에 대해 불안정하고 산화되면 무색이 된다.

카로틴은 경구 섭취 시 인체 내에서 비타민 A로 변하고 장내 흡수율은 약 30%로 장에 흡수된 카로티노이드는 혈중으로 이동하고 혈중 카로티노이드는 각질층에 침착되어 황색을 나타내어 피부색에 영향을 준다.

3) 헤모글로빈

헤모글로빈(hemoglobin)은 적혈구에 존재하고 산소를 운반하는 적색의 호흡단백질로 한 개의 적혈구 안에 약 300만 개의 헤모글로빈이 들어 있고, 수명은 약 120일 정도이다.

정맥혈액 중 환원형 헤모글로빈은 푸른 홍색을 띠고 여기에 네 분자의 산소가 결합하여 동맥혈에서 산화형 헤모글로빈은 선홍색을 띤다. 모세혈관이 가깝게 분포되어 있는 표피 중 얼굴과 목 부위는 헤모글로빈의 선홍색이 얼굴빛에 영향을 준다.

06 피부 면역계

신체 면역계는 매우 복잡한 시스템이다. 면역계는 질병과 다른 침입자에 대항하는 신체 방어기전이다. 면역계는 일련의 특수 세포들, 혈액, 신경계, 기관, 호르몬과 다양한 화학적 작용을 수반한다. 한 사람이 질병을 피하기 위해 필요한 물질과 기질을 가질 때 이를 질병에 대한 면역이라고 이야기한다.

신체가 병원 유기체(pathogenic organism)에 의해 침략당한다고 가정해 보자. 병원 유기체는 박테리아, 바이러스 혹은 질병을 일으키는 기타 단세포 유기체 유형이다. 물론 박테리아 종류는 신체의 이물질로써 항원(antigen)은 이질적으로 인식하여 방어하고자 한다. 신체는 항체(antibody)라고 하는 특별한 종류의 단백질을 생성하여 신체 내에 침입한 이물체를 중화시키는 데에 도움을 준다. 이미 수두(chickenpox)에 걸린 적이 있다면 다시는 수두가 재발되지 않는데 이것은 신체가 최초로 병에 걸렸을 때 이미 항체를 생성하기 때문이다. 아플 때 신체가 질병에 대해 항체를 생성하는 과정을 후천적 면역이라고 한다. 다른 말로 말해, 미래에 같은 종류의 질병에 걸렸을 때 후천적 면역으로 전에 앓았던 질병은 재발되지 않는다는 의미이다.

자연 면역은 출생 시부터 어떤 질환에 대한 면역체를 갖고 태어나는 것이다. 출생 전 모체의 혈액과 부모의 유전자로부터 자연 면역에 대한 항체를 얻는다. 백혈구는 대개 면역계에서 질병과 싸우는 역할을 한다. 백혈구는 골수에서 생성되며 비장, 간과 림프절에서도 생성된다. 혈액 1리터당 8,000개의 백혈구가 있다. 신체가 감염 시 리터당 약 5만 개의 백혈구 세포가 생성되기도 한다.

1. 면역계 성분

백혈구는 두가지 세포로 구분한다. 다형핵 백혈구(Polymorphonuclear leukocyte)는 다형체(polymorph)라고도 하며 호산구(esoinophil), 호염구(basophil)와 호중구(neutrophil) 세 가지 종류로 구분된다. 다형체는 박테리아와 다른 병원체를 공격하는데 이 과정을 식세포작용이라고 한다. 이들은 이물체에 둘러싸여 그들을 파괴하고 괴저성 조직의 재배치를 돕는다. 고름은 대개 죽은 백혈구들로 이루어지는데 여드름에 대해 생각해보면 이해가 빠르다. 여드름 박테리아가 모공 위를 덮을 때 백혈구는 구조를 위해 달려간다. 일부는 박테리아에 의해 죽고 일부는 싸움을 한다. 사체는 농포에 있는 고름의 주요 성분이다. 다양한 백혈구 세포는 대식세포라고 하며 대식세포는 대형 식세포를 의미한다. 경비로 활동하며 끊임없이 외부 침입자들을 지키면서 신체를 순찰한다. 세포막은 박테리아를 둘러싸고 삼키게 된다. 대량을 삼키고 수많은 박테리아를 한꺼번에 파괴시키기에도 충분하다. 대식세포는 이물질을 인식하고 그들이 침입자인지 신체 세포의 부분인지를 결정할 수 있다. 다시 말하면, 신체 자신의 세포와 이물질 사이의 차이를 구분한다는 것이다.

다른 유형의 백혈구 세포는 림프구라고 한다. 림프구는 림프절, 비장과 흉선에서 생성된다. 흉선은 가슴의 흉골 아래에 위치하며, 호르몬을 분비하고 림프 조직의 합성을 본격화한다. 림프구는 두 가지 종류가 있는데 B림프구와 T림프구로 B세포와 T세포라고도 알려져 있다. T세포는 세 종류가 있다. 도움 T세포는 면역계를 경계시키는 메신저라고 생각했을때, 대식세포가 이물질을 인식하면, 도움 T세포는 또 다른 T세포 유형인 살해 T세포가 기다리는 림프절로 달려간다. 살해 T세포는 활성화되고 이물질의 침략 지점으로 달려간다. 살해 T세포는 유기체를 죽이기 위해 활동한다. 전쟁에서 이긴 후 또 다른 유형의 T세포인 억제 T세포가 살해 T세포로 하여금 싸움을 멈추게 하고 전쟁이 끝났음을 신호한다.

도움 T세포는 또한 면역계에서 또 다른 역할을 한다. 림프절 내에 있는 B세포에 신호를 보낸다. B세포들은 차후의 감염 혹은 재발을 방지하는 단백질인 항체를 만

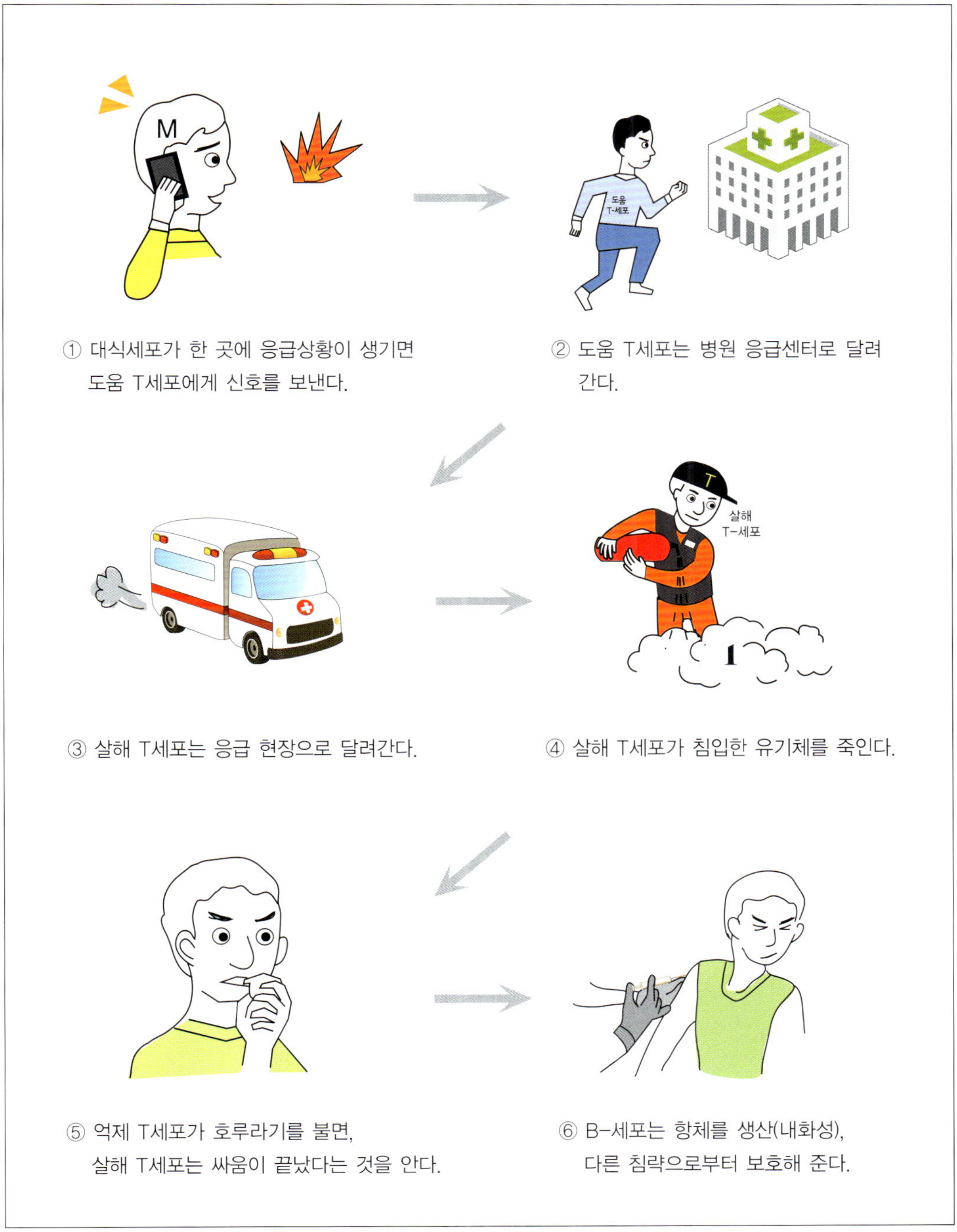
M
도움
T-세포
① 대식세포가 한 곳에 응급상황이 생기면
도움 T세포에게 신호를 보낸다.
② 도움 T세포는 병원 응급센터로 달려
간다.
T
살해
T-세포
③ 살해 T세포는 응급 현장으로 달려간다.
④ 살해 T세포가 침입한 유기체를 죽인다.
⑤ 억제 T세포가 호루라기를 불면,
살해 T세포는 싸움이 끝났다는 것을 안다.
⑥ B-세포는 항체를 생산(내화성),
다른 침략으로부터 보호해 준다.

[그림 6-1] 면역 응급센터

든다. 항체, 즉 면역글로블린(immunoglobulin)을 과학자들은 Ig라고도 한다. Ig는 혈류를 통해 떠다니고 그들이 인식하는 유기체에 의한 침략에 대해 보호한다. 면역계는 병원 응급센터와도 같다(그림 6-1). 대식세포는 끊임없이 응급 상황을 쫓는 구조 요원이다. 응급 상황이 발생되면 응급 상황을 진압하고 잘못된 경보가 아닌지 확인한다. 일단 대식세포가 유기체가 이물질이란 사실에 인식하면 살해 T세포를 출동시키기 위해 응급센터로 달려가는 도움 T세포에 신호를 보낸다. 살해 T세포는 맹렬하게 이물질과 투쟁하고 모든 유기체를 죽이는 그 현장으로 달려간다.

응급 상황을 관찰하는 것은 억제 T세포다. 응급 상황이 진압되면 억제 T세포는 살해 T세포에게 현장 진압중이란 사실을 알리기 위해 호각을 분다. B세포는 항체(면역글로블린) 생성을 시작한다. 면역글로블린은 이런 응급 상황이 재발되지 않음을 확인하기 위해 구조 요원으로서 봉사한다.

2. 면역계가 자신과 소통하는 방법

각 세포의 DNA에 함유된 정보는 세포로 하여금 자신과 똑같은 복제를 하게 하는 것이다. 바로 각 개인에 따라 독창적인 코드를 갖게 하는 것이다. DNA가 암호화되면 세포막의 표면이 된다. 각 세포막은 그 표면에 특별한 코드를 갖게 되는데, 이를 수용기(receptor)라고 하며 이것은 기본적으로 세포가 어떻게 소통하느냐에 따른다. 수용기는 다른 세포들 혹은 다른 조직으로부터 메시지를 받는데 호르몬은 종종 수용기를 통해 세포에 의사소통을 전달한다. 세포막에 있는 수용체는 특수 단백질로 만들어진다. 특별히 이 단백질들은 대식세포와 같은 면역계 세포 표면에 자리한 단백질과 비슷하다. 대식세포가 세포의 자물쇠 구멍에 맞는 열쇠이기 때문에 대식세포는 세포를 신체 조직의 부분으로 인식한다. 열쇠가 맞지 않으면 대식세포는 정체불명의 물체를 조사하는 과정을 시작한다.

T세포는 인터루킨(interleukin)이라고 하는 호르몬 유형 물질을 방출함으로써

서로 소통한다. 인터루킨은 T세포의 세포질에 존재하고 T세포가 이물체로 경계할 때 비상경보장치로써 방출된다. 다른 T세포는 인터루킨으로부터 비슷한 비상경보 메시지를 받는다.

3. 암(cancer)

암은 가장 학문적으로 탐구할만하고 파괴적인 질병 중 하나이다. 암은 하나의 세포에서 시작된다. 세포는 기형이 된 다음 유사분열을 통해 복제되면서 그 과정은 멈추지 않는다. 비정상적인 세포는 분열을 계속하면서 더 많은 암세포들을 만들어 낸다.

수천만 개의 세포 복제가 끊임없이 우리 몸 안에서 일어나면서 어떤 세포들은 돌연변이가 되거나 변화를 일으켜 면역계는 돌연변이 세포들을 죽이려고 한다. 이론적으로는 암세포들이 정기적으로 진행될 것 같지만 이 세포들은 대개 면역계에 의해 살생된다. 그렇지만 면역계가 제 기능을 하지 못하거나 암세포들이 면역계에 의해 살생되기도 전에 너무 빨리 분열될 때 암세포가 진행되는 것이다.

암세포들은 자신을 위장할 수도 있다. 암세포에서 세포막은 실제로 정상적인 신체 세포의 막과 같다. T세포들은 세포가 암에 걸렸다고 인지할 수 없어 정상적인 세포로 간주하여 사실을 무시하고 공격하지 않는다. 세포막 내의 비정상인 암세포들은 이상하게 인식될 수는 있지만 정상적인 세포막이 면역계에 아무 문제가 없다고 알린다. 암은 비정상적인 세포들로의 복제로 통제 불가능하다. 이런 이유로 암은 빨리 퍼질 수도 있으며 암이 퍼지는 것을 전이(metastasis)라고 한다. T세포들은 가슴에 있는 흉선에 의해 생성된다. 흉선은 인생의 초기에는 매우 생산적이고 눈에 띄게 생산이 감소된다. 다른 신체 세포들과 다르게 T세포들은 약 60년간 생존한 다음 죽을 준비를 한다. 이것이 바로 왜 노인들이 암에 더 잘 발병되고 어떤 종류의 질환도 잘 발병되는지를 설명하는 바이다.

4. 암의 원인

특별히 발암 유전자의 원인은 알려지지 않았다. 그렇지만 일부 물질들은 발암성을 갖는다. 발암성은 '암을 유발하는' 을 의미한다. 발암성 물질들을 발암물질이라고 한다. 여러 가지 발암물질들이 알려져 있다.

흡연은 다른 물질과는 다르게 신체를 괴롭힌다. 흡연은 신체에 이방인과도 같다. 담배 내에 함유된 화학물질들은 세포들을 죽이고 더 많은 유해 산소를 함유하며 다른 어떤 물질보다 해롭다. 이런 물질들에 대한 세포의 노출은 심각하게 세포에 손상을 준다. 세포들은 화학물질에 의해 손상된 조직을 회복하기 위해 열심히 작용해야 한다. 조직 내 세포 회복을 서두르는 과정은 화학물질들에 의해 암 유전자의 가능한 공격은 비정상적인 세포 복제와 암세포를 유발할 수 있다. 신체가 회복과정으로 스트레스를 받기 때문에 면역계는 이런 재구성 과정에서 과로를 한다. 피로한 면역계는 침입자들에 대해 잘 반응하지 않는다. 흡연의 한 가지 영향은 신체 내 면역기능을 감소시키는 것이다.

여러 다른 물질들은 면역계의 둔화에 기여하는데 과도한 알코올 섭취 · 금지 약물 복용 · 스트레스 · 부적절한 다이어트 · 지나친 지방과 운동 부족 등 여러 다른 요인들은 면역계의 기능 부전에 원인 제공을 할 수 있다. 과도한 양의 알코올은 모든 신체에 엄청난 스트레스를 일으키는 데 계속적이고 반복적인 손상으로 신체는 알코올 중독이 되어간다. 알코올 중독자들은 제대로 먹지도 자지도 못하고 문제를 일으키면서 자신에게 스트레스를 준다.

금지 약물 복용도 알코올과 비슷하게 신체에 손상을 준다. 고도의 스트레스, 잘못된 다이어트와 피부조직의 자극은 모두 약물 복용의 결과이다.

스트레스는 신체의 모든 기능을 괴롭힌다. 과학자들과 의사들은 스트레스가 질병에 미치는 영향에 대해 계속적인 연구하고 있다. 스트레스는 거의 모든 질병의 원인이 될 수 있다. 신체가 스트레스를 받으면 면역계는 과로하게 된다. 면역 억제는 어떤 요인들에 의해 면역계가 둔화되는 것을 의미한다.

부적절한 다이어트는 신체로부터 신체 내의 각 세포에서 일어나는 모든 화학적 작용을 수행하는 데에 필요한 에너지를 소비한다. 면역계 역시 세포들로 이루어져 있기 때문에 세포들은 적절한 영양 공급 없이는 제대로 된 기능을 수행할 수 없다.

식습관에 있어 지나치게 많은 지방은 혈관의 콜레스테롤과 트리글리세라이드(triglyceride)를 축적시킨다. 플라크는 혈류를 방해하는데 일단 길이 차단되면 물질들이 통과될 수 없다. 걷기, 바이킹, 에어로빅이나 수영 같은 정기적인 유산소 운동은 신체의 산소 이동 시스템을 향상시킨다. 이는 신체가 더 많은 산소를 얻게 된다는 의미다. 정기적인 운동은 혈압을 낮춰주고 콜레스테롤과 트리글리세라이드를 감소시키며 스트레스를 완화시킨다.

5. 유해산소

유해산소는 거칠고 불안정한 원자 혹은 분자이다. 모든 원자의 임무는 외부 에너지 수준에서 충분한 전자를 획득함으로써 안정화되는 것이다. 따라서 불안정한 산소원자는 외부 에너지 궤도를 채우기 위해 필사적으로 전자들을 구하는데 이 전자의 거대한 원천은 지방이다. 지질과 세포막 내의 지질들은 쉽게 목표물이 된다. 일중항산소는 스스로 안정화되기 위해 이런 지방들로부터 전자를 훔치면서도 과산화지방질이라고 하는 또 다른 유해산소를 만들어낸다. 과산화지방질은 가장 공격적이고 파괴적인 유해산소 중 하나인 히드록실라디칼(hydroxyl radical)이라고 하는 또 다른 유해산소를 만들어낸다. 다양한 종류의 유해산소를 활성산소종이라고 한다.

화학적 반응은 전자 이동 혹은 새로운 화합물과 반응을 만드는 전자의 호환에 있어 매우 의존적이다. 만약 어떤 물질이나 원자가 잘못된 전자 수를 갖는다면 적당한 화학적 반응이나 제대로 된 신체의 세포 기능을 쉽게 방해할 수 있다. 유해산소는 대파괴 · 혼란과 자극을 주며 심지어 육안으로는 제대로 구분되지 않는다. 육안으로 구분되지 않는 물리적 증상이 없는 자극을 잠재적인 염증이라고 한다. 유해산소는 DNA 손상을 야기하고 피부암의 주요 원인이 될 수도 있다. 과색소침착은 유해산소와 연관이 있다. 유해산소 피해의 가장 큰 원인 중 하나는 일광 노출이다.

유해산소 원자가 여러 가지 정상적인 신체 내 화학적 반응의 부산물일지라도 유해산소는 흡연 · 알코올 · 스트레스와 오염으로 인해 바로 만들어질 수 있다. 반면에 유해산소가 모든 신체 세포에 영향을 미치고 전신의 노화에 명백한 책임이 있지만 유해산소는 특히 피부에 강한 영향을 끼친다.

6. 피부에 대한 면역의 역할

면역 방어막은 전신을 싸고 있는 피부 방패와도 같다. 사세포 내의 케라틴은 이물질과 이물체의 침범에 대해 신체 보호를 돕는다. 미생물은 매시간 피부 표면에서 발견된다. 미생물은 대개 사세포층이 흡수를 방지하기 때문에 피부에 침투되지는 않는다. 산성막 혹은 지질막과 피부 표면의 땀 분비는 다량의 박테리아를 살생한다. 습진, 여드름, 피부염과 같은 피부 표면을 파괴하는 질환들은 피부로 하여금 미생물의 침략에 더 민감하게 만든다. 피부염은 종종 균류나 박테리아와 같은 2차 감염으로 나타난다. 세포 간 유액 혹은 세포질을 통해 미생물이 피부에 침투되는 것이 물리적으로 가능하다. 유기체는 각질세포 · 산성막과 세포질의 층인 각질층에 침투하게 된다.

미생물은 랑게르한스 세포에 의해 최초로 인식된다. 랑게르한스 세포들은 끊임없이 표피를 순찰하는 공변 세포이다. 랑게르한스 세포들은 수상돌기라고 하는 여러 개의 축수 구조를 지녔기 때문에 거미처럼 보인다. 랑게르한스 세포가 이물질에 의해 자극받으면 항원의 샘플 조각을 분리한다. 랑게르한스 세포는 다음 랑게르한스 세포 아래 표피에 있는 대식세포에 샘플 조각을 나타낸다. 대식세포는 항원을 인식하고 실제 병원체를 구조하기 위해 T세포들에 신호를 보낸다. 랑게르한스 세포들은 특히 일광 노출에 민감하다. 랑게르한스 세포들이 일광 노출로 인해 유약한 상태라면 피부는 다른 미생물들에 취약한 상태가 된다. 이는 많은 사람들이 일광노출 시 헤르페스 바이러스 감염증(단순성 포진)으로 열꽃을 피우게 되는 이유이다. 면역 보호의 결핍은 신체의 다른 부분에서도 면역계의 영역에 도미노 효과를 주게 된다.

표피의 케라틴세포는 중요한 면역 물질들의 분비를 돕는다. 케라틴세포는 아포 E(apo E)라고 하는 단백질 물질을 분비한다. 아포 E는 세포질의 부분을 만드는 콜레스테롤을 운송한다. 또한, 케라틴세포는 잠재적인 발암물질을 중화시키고 면역세포의 소통을 돕는 호르몬 같은 물질인 두 가지의 인터루킨을 생성한다. 케라틴세포는 표피의 과립층에서 대식세포의 복제를 촉진시키는 또 다른 물질인 과립대식세포 집락 자극인자수용체(GM-CSF)를 생성한다. 특히 케라틴세포는 흉선에 의해 생성되는 것과 아주 흡사한 물질을 생성한다. 이 호르몬들은 T세포들의 성숙을 돕는다.

7. 면역성 질환들

자가면역은 항원과 자신의 신체 세포 간 차이를 면역계가 인식할 수 없는 상태이다. 면역계는 근본적으로 신체 세포 공격을 시작한다. 자가면역 반응의 좋은 예는 장기 이식 후 나타나는 현상들이다. 신장(kidney) 이식 환자들의 경우 새로운 신장을 거부하는 현상이다. 면역계는 새로운 신장을 이물질로 인식하고 공격하고 거부한다. 자가면역 질환은 거부반응을 일으키지만 사람 자신의 신체 세포들이 거부된다. 자가면역 질환에서 B세포들이 항체를 생성하는 것은 통제 불능이다. 신체 세포를 공격하는 데에 책임이 있는 항체를 자가 항체라고 한다. 류머티스성 관절염과 피부세포가 너무 빨리 턴오버되는 건선(proriasis)의 형태를 포함한 여러 가지의 자가 면역 질환들이 있다. 강피증은 또 다른 자가 면역계 질환으로 피부조직을 두껍게 한다. 강피증은 실제 피부의 경화를 의미한다. 피부가 두껍고 조여지는 것이다. 강피증의 심각성은 개인차가 있지만 내장 기관뿐 아니라 전신의 연결 조직에 영향을 미칠 수 있다.

루푸스는 라틴어로 '늑대'란 뜻인데 루푸스의 주요 증상이 뺨과 코를 지나 나비 모양의 발진이 있어 마치 얼굴 위를 늑대가 문 자국과 비슷해서 생긴 이름이다. 루푸스 환자들에게서 면역계는 지나치게 많은 항체를 생성한다. 두 가지 형태의 루푸스가 있는데, 전신성 루푸스와 원판상 홍반성 루푸스이다. 전신성은 루푸스의 가장 심각한 형태이다. 피부, 관절, 신경계와 신장에 영향을 미치고 치명적으로 어떤 신체 조직이나 기관에도 영향을 준다. 전신성 루푸스의 심각성은 매우 다양하다. 일부 루푸스 환자들은 아주 경미한 증상이 있는 것에 반해 다른 이들은 거의 만성적 문제를 갖고 있다. 여러 환자들에게서 루푸스 증상은 나타났다 사라졌다 한다. 어떤 사람이 루푸스로 인한 문제가 있다면 활성기라고 한다. 활성기가 아닐 때의 환자는 일시적인 진정의 상태다.

신체는 끊임없이 죽은 신체 세포들을 청소한다. 전신성 루푸스에서 림프구는 죽은 세포들에게 항체를 생산한다. 림프 및 혈액계는 여전히 이 죽은 세포들을 신체에서 제거하고자 하며 기형의 면역계에서 생성된 항체는 혈관에서 교통 혼잡 상태를 일으켜 결과적으로 혈관에 손상을 입히게 된다.

원판상 홍반성 루푸스는 주로 피부에 영향을 미친다. 원판상 홍반성은 단단하고 붉고 둥근 병변이 모낭 주변에 형성되며 주로 얼굴 · 목 · 두피와 귀 안쪽에 나타난다. 다행히도 내부 장기에는 영향을 미치지 않으며, 이 중 10% 가량은 경미한 전

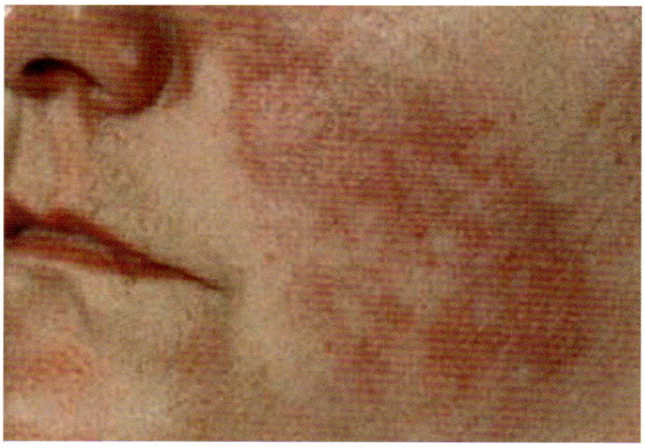

[그림 6-2] 루푸스 질환

신성 루푸스로 발전될 수도 있다(그림 6-2).

8. 루푸스와 관련된 피부 문제들

일광 노출은 루푸스 환자들의 주요 문제이다. 특히 장시간의 일광 노출은 열꽃을 피게 한다. 사실 루푸스 환자들이 선번이나 장시간의 일광 노출을 경험하고 단순한 현상으로 무시해 버리는 경우가 많다. 루푸스 환자들에게서 면역계는 일광 노출에 격렬하게 반응한다. 일상적인 자외선 차단은 모두에게 중요하지만 특히 루푸스 환자들에게는 더욱 그렇다. SPF 15나 더 높은 지수의 자외선 차단은 필수적이다. 루푸스 환자들은 비교적 민감성 피부의 경향이 있어서 자극성 테스트를 완벽하게 거친 제품을 선택해야 한다. 징크옥사이드나 이산화티타늄을 함유한 자외선 차단제는 대개 햇빛을 흡수하기보다는 반사시키는 성분들로 이 성분들이 함유된 제품을 선택하는 것을 권장한다.

루푸스 환자들은 민감성 피부로 향료 · 자극성 성분들과 일반적인 알레르기 유발 항원들을 피해서 관리해야 한다. 전기분해요법 · 압출과 왁싱 같은 과정에서도 피부가 반응을 일으키기 쉽다. 루푸스 환자들은 실제 피부에 적절한 제품 선택에 도움이 되기 때문에 피부관리에서 큰 혜택을 누릴 수 있다.

07 피부 타입

피부 타입의 분류에 관한 역사는 1900년대 초 폴란드의 화장품 여성 사업가인 헬레나 루빈스타인(Helena rubinstein)이 피부 타입을 중성, 복합성, 건성, 민감성의 4개의 피부 타입으로 분류한 것에서부터 시작되었다.

현재는 피부의 유분량과 수분량에 따라 피부 타입을 구분하고 있는데, 유 · 수분량이 적당한 피부를 정상 피부, 유 · 수분량이 부족한 피부는 건성 피부, 유분량이 과다한 피부는 지성 피부, T-zone과 U-zone의 피부 상태가 다른 복합성 피부 4가지 유형으로 분류하고 있다(그림 7-1).

그러나 피부 유형은 그 외에도 피부의 두께나 혈액순환 상태, 색소침착 상태, 모공 상태, 피부탄력 등이 피부 타입을 결정하는데 영향을 미칠 뿐만 아니라 개인의 생활환경이나 나이, 심리 상태, 유전적 요인에 따라서도 차이를 보일 수 있다.

일반적으로 한국 여성의 피부 타입은 건성 피부가 30%, 복합성 피부가 30%, 지성과 정상 피부가 각 15% 정도로 나타난다는 설문조사 결과가 있으나, 피부 타입의 정확한 분석을 위해서는 피부 생리학을 기초로 한 주관적인 요소와 기기분석을 통한 객관적인 요소 모두가 고려되어야 보다 정확한 피부 타입의 분류가 가능하다.

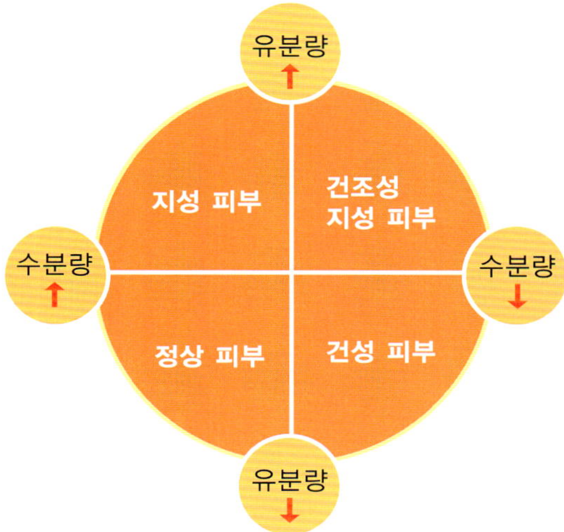

[그림 7-1] 피부 타입의 4가지 유형

1. 피부 타입

1) 건성 피부

건성 피부(dry skin)는 피부에 수분이 부족한(10% 미만) 상태의 의미가 있으나 수분량 또는 유분량이 부족하거나, 유·수분량이 모두 부족한 피부 상태로 임상적으로는 피부 표면에 홍반(erythema)과 균열(fissure), 인설(scale)이 보이고 잔주름이 나타난다. 이러한 현상은 각질층의 수분 부족 현상에 의한 피부의 과각화의 영향으로 거칠고 잔주름이 많은 피부 상태가 된다.

또한, 건성 피부는 지성 피부보다 피부가 얇고 하얗기 때문에 볼 부위에 확장된 모세혈관이 비치기도 하고 모공이 작아 피부결이 고와 보이지만 윤기가 없다.

각질층 지질의 구조적 이상 현상과 각질층 기능의 약화 및 건조한 환경, 다이어트, 잘못된 세안법 등이 건성 피부의 원인이 될 수 있다. 건성 피부는 유분 부족으로 인해 수분의 증발을 억제하는 방어막의 역할이 약화되어 수분 보유능력이 떨어지게 되므로 보습이 중요하며, 자외선이나 바람에 의해서 상태가 더욱 악화될 수 있다.

2) 지성 피부

지성 피부(oil skin)는 피지의 분비량이 많아 쉽게 번들거리고 모공이 크고 피부가 두꺼워 화장이 잘 지워지는 특징을 보인다.

또한, 유분량이 많아 피부에 먼지나 오염물질 등이 쉽게 붙어 더러움을 빨리 타고, 그로 인해 피지가 모공 밖으로 빠져나오지 못하고 여드름이나 뾰루지의 원인으로 발전되기 쉽다. 피부색도 어둡고 칙칙해 보이는 피부 타입이다.

지성 피부는 건성 피부에 비해 잔주름의 형성은 잘 이루어지지 않으나 주름이 발생하면 굵게 잡히는 특징을 보인다.

지성 피부의 피지 분비량을 개선하기 위해 지나친 세안이나 알코올 성분이 과다한 제품을 사용하게 되면 오히려 피부를 자극하여 과도한 유분의 증가를 유발할 수도 있다.

3) 정상 피부

정상 피부(normal skin)는 모든 피부 생리 기능이 정상적인 활동을 하는 피부 상태로 기저층의 활동과 혈액순환이 원활하여 신진대사의 균형이 잡혀 있고, 수분과 유분의 조화도 정상을 유지하여 건강하고 밝은 혈색을 나타낸다.

땀과 피지의 분비 역시 균형 잡힌 상태로 촉촉하고 탄력이 있으며 모공이 크지 않아 피부결이 섬세하고 피부 표면이 매끄러워 윤기가 흐르므로 화장도 오랫동안 지속된다.

피부의 생리적 기능도 원활하여 세균에 대한 저항력이 강하나 정상 피부 역시 주변 환경의 온도, 습도 등의 변화 및 연령에 따라 변할 수 있다.

4) 복합성 피부

복합성 피부(combination skin)는 피부 상태가 균형을 이루지 못해 부위별로 다른 성질의 피부 상태가 혼합된 피부로 일반적으로 이마와 코 부분(T-zone)이 지성타입이고 볼 부위(U-zone)는 건성이나 정상 상태로 나타난다.

T-zone은 피지량이 많아 모공이 크고 번들거리며, U-zone은 세안 후 당기는 느낌이 많이 나고 잔주름이 발생하는 특징을 보인다.

복합성 피부는 피지의 분비량과 피부 색상에 차이가 나타나 피부색이 균일하지 못하고 T-zone과 U-zone의 관리를 각각 별도로 해야 하기 때문에 관리가 쉽지 않은 타입이다.

2. 피부 분석방법

피부를 분석하는 방법으로는 평소 고객의 생활이나 피부 상태에 대한 질문을 통해 분석하는 문진법과 손을 통한 촉각으로 피부 상태를 파악하는 촉진법, 육안을 통해 피부 상태를 관찰하는 견진법이 있다. 그러나 주관적인 판단에 의한 단점을 보완하기 위해 유·수분 측정기나 우드 램프, 확대경 등 다양한 피부 측정 기기들이 사용되고 있다.

각질층의 수분량을 측정하는 수분 측정기는 피부에 수분 함유량이 높을수록 전기가 잘 통하는 전기적 성질을 이용하여 인체의 전기 저항이나 전기 전도도 등을 측정하는 기기이다.

피부의 피지 분비량을 측정하는 유분 측정기는 1㎠의 특수 필름이 부착된 기기를 측정 부위에 밀착시켜 필름에 묻은 유분량에 따라 빛의 투과 정도를 광도 측정법으로 측정하여 1㎠당 유분량(㎍/1㎠)을 수치로 나타내는 기기이다.

유·수분 측정기의 측정 환경은 온도 20~22℃, 습도 40~60%의 대기 환경이 이상적인 피부 측정을 위한 환경 조건이다.

피부 상태를 분석하는 기기로는 인공 자외선 파장을 이용한 우드 램프가 있다. 우드 램프는 피부에 자외선을 비추었을 때 피부 상태에 따라 나타나는 색상을 이용하여 피부 상태를 분석하는 기기로 정상 피부는 청백색, 건성 피부는 연보라색, 민감성 피부는 짙은 자주색, 지루성 피부는 오렌지색, 색소침착 부위는 갈색의 색상을 통해 피부 상태를 관찰할 수 있다.

피부의 모공 상태는 확대경 또는 피부 분석기 등을 통해 관찰한다. 확대경은 제품에 따라 확대 비율이 다양하나 일반적으로 육안의 3.5~5배율로 확대되어 모공의 상태나 잔주름, 색소침착, 면포 및 여드름 등의 피부 상태를 맨눈으로 판별하는 데 사용하고 여드름을 제거할 때도 사용한다.

피부 분석기는 80배율 이상으로 피부를 확대하여 모니터를 통해 피부 상태의 분석이 가능한 기기로 영상 출력도 가능하다.

08 피부와 자외선

1. 태양과 일광 손상

태양의 현상학적 구조는 산소를 이산화탄소로 변환시키도록 적극적으로 돕는다. 우리는 산소와 태양 없이 생존할 수 없다. 그러나 태양은 피부의 적으로 세포 손상을 야기하는 유해산소를 생성한다. 반복적인 일광 노출은 세포를 손상시키며 결국 콜라겐과 엘라스틴을 파괴시키고 DNA의 변성을 가져와 심각한 피부손상 및 조기 노화와 피부암을 발생한다. 여전히 많은 사람들은 햇볕을 쪼이면서 태닝을 즐기지만 피부에 엄청난 손상을 초래하기도 한다. 이 장에서 우리는 피부에 영향을 미치는 태양 경로를 장파와 단파의 두 가지로 배워보기로 하자. 피부의 일광 손상과 피부암을 방지하고 피부암을 감지하는 최상의 방법을 배우게 될 것이다.

태양은 세 가지 종류의 자외선(ultraviolet, UV)을 투사한다. UVC는 단파장으로 오존층에 의해 차단된다. 살균성을 지니며 대량 투사 시에는 생물에 치명적이다.

Ultraviolet B(UVB)는 두 번째로 긴 파장으로, 대부분 피부암과 선번의 원인이 된다. 표피 중 기저층까지 침투되며 일부 UVB는 진피에 흡수되지만 대부분 기저층에서 멈춘다. UVA의 파장이 더 길고 진피까지 침투됨에도 불구하고 UVB는 UVA보다 더 강력한 영향력을 행사한다(그림 8-1).

기저층과 상부 진피 내에는 색소생성세포인 멜라닌형성세포(melanocyte)가 존재한다. 이 세포들은 자외선 노출에 의해 촉진되어 신체의 천연 일광 차단제인 피부 색소 멜라닌을 만들어낸다. 많은 사람들이 태닝을 건강하게 생각할지라도 태닝

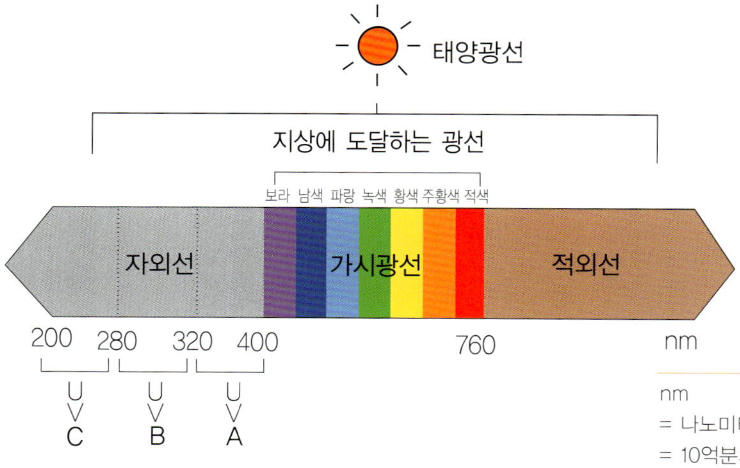

nm
= 나노미터
= 10억분의 1미터
= 10^{-9}m

[그림 8-1] 태양광선

은 실제 태양광선의 손상으로부터 신체를 방어하는 화학적인 반응이다.

다시 말해, UVA는 진피 속 콜라젠 및 엘라스틴 섬유에 침투되는 비교적 긴 광선이다. UVA는 대다수의 태닝 베드와 부스에 활용되는 UV 광선의 일종이다. 태닝 베드가 자연광으로 피부를 태우는 것과는 결과가 다르지만 마찬가지로 해로운 UVA가 진피에 침투되어 콜라겐과 엘라스틴 섬유의 지지 구조와 피부에 해로운 영향을 끼친다.

2. 단기 일광 문제들

대부분의 사람들은 장시간의 일광 노출이 피부노화와 피부암의 일으킨다는 것은 알고 있지만 단기 자외선과 일광 노출도 해로운 영향을 끼친다는 사실은 알지 못한다. 일광 노출은 여러 가지의 단기적인 피부 및 미용의 문제를 일으킨다. 이들은 아름다움뿐만 아니라 건강까지 영향을 끼칠 수 있다. 선번은 특히 여름 동안 자주 일어나는데 가볍고 심각한 정도에 따라 피부가 빨갛게 되면서 통증을 동반하고 혈관 확장과 피부 신경 말단의 자극으로 인해 터치에 민감해진다. 피부는 결국 선번과 관련돼 심한 건조로 인해 벗겨지면서 마치 오븐의 쿠키나 장시간 요리되는 것처럼 건조해진다. 이런 다양한 선번의 심각한 결과는 일반인들이 태양에 대한 피부 보호에 대해 지나치게 간과하는 경향이 있기 때문에 발생하곤 한다. 미국 플로리다인과 캘리포니아인들이 피부의 보호에 매우 익숙한 반면 일광욕(sun bathing)이 대중적이지 않은 곳에서 온 여행객들은 선번에 취약하다. 피부관리사들은 고객들의 피부를 장 · 단기 일광 손상뿐만 아니라 선번의 효과적인 보호 방법에 대해 잘 알아두는 것이 중요하다. 경미한 선번의 통증을 완화시켜줄 수 있는 해결책은 현실적으로 다양하다. 민간요법에는 찬물에 식초를 첨가한 쿨베스를 포함하여 쿨팩 도포, 플레인 요거트 도포 등이 있지만 이런 제품들을 고객들이 자가 사용하는 데에는 주의가 필요하다. 심각한 선번은 쇼크, 열, 구역질과 심지어 사망까지 이를 수 있는데, 피부의 물집이나 심각한 수포는 반드시 의사에게 의뢰되어야 한다. 최초의 선번이 감작된 이후, 고객은 선번과 관련된 남은 피부 문제에 대해 도움을 요청할 수 있다.

피부는 심각한 탈수, 벗겨짐과 필링의 문제를 겪으면서 경우에 따라서 장기적인 변색이 동반될 수 있다. 무엇보다 중요한 것은 고객에게 모든 선번의 증상 특히 피부가 필링이 된 경우 필링이 완전히 사라질 때까지 일광에 노출되지 않도록 강하게 권고하는 것이다. 선번 이후 필링 과정 동안 지속적인 일광 노출은 장기간 피부 손상과 영구적인 일광성 흑점(태양에 의한 주근깨) 및 피부 변색을 초래한다.

심각하게 빨갛고 민감해진 선번된 피부를 관리하는 것은 가능하면 삼가는 것이 좋다. 피부가 빨갛거나 민감하지 않다면 피부 보습을 위해 부드러운 테크닉을 적용한다. 쿨 스팀 · 무향의 보습 유액과 로션 · 비경화성 무자극 마스크와 기타 극민감성 피부를 위해 고안된 제품들을 사용하는 것이 좋다. 고객에게 모든 증상이 가라앉을 때까지 집에서 비슷한 절차를 이용할 것을 권유한다. 고객에게 상황의 재발생을 피하기 위해 적절한 자외선 차단제에 대한 올바른 지침을 제공한다.

3. 기타 단기 일광 관련 문제

과색소침착은 태양으로 인해 유발된 장 · 단기적 미용 문제이다. 과색소침착은 우리가 피부노화라고 생각하는 최초의 가시적인 징후 중 하나로 짙은 반점이다. 과색소침착은 말 그대로 과도하게 색소가 침착된 것을 의미한다. 태양으로 인한 피부 변색은 10대 후반에서 20대 초반에 시작되어 지속적으로 악화된다. 피부는 반복적으로 타거나 부가적인 일광 노출 및 전신 선번의 결과로 인해 치유력이 떨어진다. 만약 15세의 피부와 25세의 피부를 비교한다면 가장 큰 차이는 멜라닌의 축적으로 인한 변색이다. 만약 단장된 사진을 주의 깊게 본다면 전 · 후 사진의 가장 큰 차이는 후사진에서의 피부톤의 컬러링이 고르게 된 것이다.

장기간 일광 노출로 인한 기미(chloasma)는 검버섯으로 알려져 있고 이것은 누적된 일광 노출(그림 8-3)과 관계가 있다. 짙은 패치들로 주로 얼굴과 손등에 색소가 집중되어 있다. 많은 고객들에게서 얼굴, 팔과 손에서 나타나는 만큼 몸에는 과색소침착이 나타나지 않는 것을 볼 수 있다. 비록 예외적인 경우도 있지만 얼굴, 손과 팔은 여러 해 동안 만성적으로 태양에 노출되어 왔기 때문이다. 그렇기때문에 색소침착은 이런 부위들에서 더욱 악화된다. 과색소침착은 특히 여성들에게서 몇 년간의 일광노출 이후 나타나는데 처음에는 확대경이나 우드 램프 아래서 피부를 관찰할 때 발견될 수 있다. 비교적 가벼운 반점부터 더 짙고 큰 반점들이 출현할 수 있다. 과색소침착은 여러 가지 패턴으로 나타나며 호르몬 변동이나 임신과 관련되어 있기도 하다. 과색소침착은 멜라닌 억제제(melanin suppressant)를 함유한 용매를 고객에게 도포함으로써 치료된다. 이 성분들은 기저세포층 멜라닌형성세포에서 발생하는 화학적 반응을 멈추게 한다. 하이드로퀴논(Hydroquinone)은 이 성분들 중 최상으로 알려져 있고 미국 식약청(FDA: Food and Drug Administration)에서 유일하게 공식 인정된 것이다. 기타 인정받지는 않았지만 효과적인 멜라닌 억제 성분들로는 코직산(kojic acid), 아스코빌인산(magnesium ascorbyl phosphate), 알부(albutin), 베어 베리(bearberry)나 멀버리 추출물(mulberry extract), 아젤라익산(azelaic acid)이다. 멜라닌 억제제는 알파하이드록시산(alpha hydroxy acid)이나 트레티노인(tretinoin)과 같은 필링 성분의 일종으로 두 가지가 함께 사용되기도 한다. 이러한 각질 용해제(keratolytic exfoliants)들은 이미 얼룩진 사세포를 제거하고 멜라닌 억제제의 흡수를 증가시켜 준다.

어떤 형태의 과색소침착이든 관리를 받는 그객은 일광노출을 피해야 한다. 심지어 호르몬 불균형에 의한 과색소침착도 일광 노출에 의해 악화될 수 있다. 과색소침착된 부위와 표피 아래쪽과 진피 위쪽에 활성 멜라닌형성세포가 집중되어 있다는 것을 고객에게 설명해야 된다. 이는 멜라닌이 생성되는 공장이다. 멜라닌은 산물이다. 여기 명시된 멜라닌 억제제들은, 멜다닌 생성을 유발하는 화학적인 반응을 방해함으로써 작용한다. 이런 사실로 인해 공장-멜라닌 형성세포-심지어는 과색소침착이 사라질 때조차도 계속 활성 상태이다. 이것이 바로 멜라닌형성세포를 촉진시키는 통제 가능한 인자, 즉 일광노출을 피하도록 고객에게 주지시켜야 하는 이유이다. 고객이 계속적으로 일광노출되는 등안 폭넓은 효능을 지닌 SPF 30 혹은 그 이상의 자외선 차단제를 바르지 않는다면 멜라닌 생성은 계속된다. 적외선으로부터 열이 멜라닌 생성에 큰 역할을 할 뿐만 아니라 적외선 열 파장에는 차단제가 없다는 것이 명백한 증거이다.

고객들에게 일광 노출은 최초로 색소침착을 야기하는 피부 문제를 위해 라이프스타일의 요인을 변화시킬 것을 강조하는데 대표적으로 어루러기(Tinea versicolor)는 태양반점이나 태양곰팡이라고 불린다. 이런 흰색 얼룩들은 일광욕으로 인해 등과 가슴에 나타나는 균류 상태이다. 균류는 멜라닌생성세포의 생성능력을 방해한다(그림 8-3).

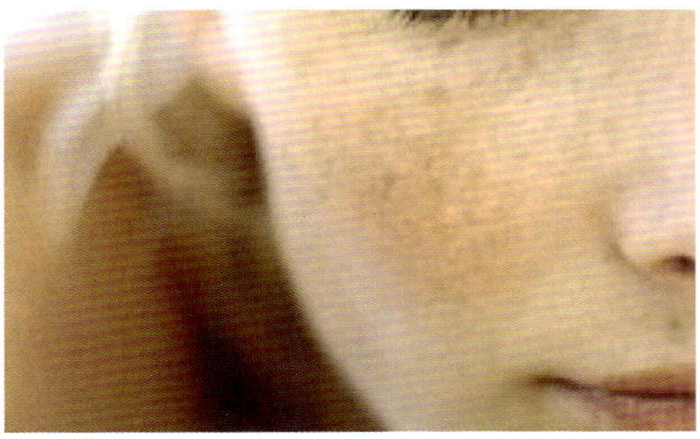

[그림 8-2] 기미(Cheongsam) 혹은 검버섯, 태양 손상에 의해 멜라닌이 집중된 점들

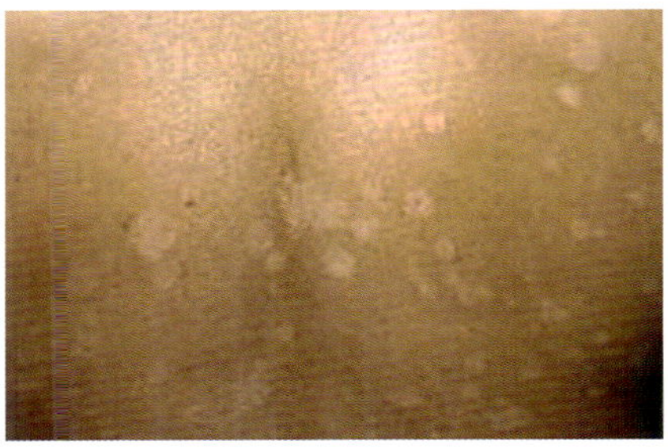

[그림 8-3] 어루러기

4. 일광으로 인한 실제 손상

지속적인 자외선 노출은 점점 더 많이 손상을 주는 유해산소 형성의 결과를 초래한다. 처음에는 나타나지 않지만 여러 해 동안 루틴은 결국 세포에 손상을 주어 주름·과색소침착·탄력섬유증과 거친 피부결의 결과로 나타난다. 태양에 노출된 피부는 다량의 염증, 태양 노출과 피부 세포의 손상에 대항하는 면역계의 방어기전을 통해 제조된 자기 파괴 효소로 인해 콜라겐과 엘라스틴의 파괴를 일으킨다. 엄청난 손상이 일어나면 피부 외관에서도 쉽게 관찰된다.

5. 단기 일광 노출에 대한 진실

일광 노출은 실제로 피부의 면역기능을 저하시킨다. 자외선 노출은 대식세포와 공변세포를 쫓아낸다. 물질 및 유기체들이 피부에 침투되면서 감염률을 증가시킨다. 이런 면역 억제에 좋은 예는 일광 노출 시 일부 개인들에게서 나타나는 헤르페스 바이러스 감염증(herpes simplex)의 발현이다. 낭창(lupus)의 많은 예는 선번 이후 자가 면역 질환으로 면역계가 손상에 과잉 반응을 보일 때 진단된다.

어린이들에게 매일 자외선 차단제를 바르도록 가르치는 것은 매우 중요하다. 피부의 태양 손상 중 80% 가량이 18세 이전에 나타난다. 유소년들의 얼굴에 나타나는 주근깨는 미래의 문제 부위를 재현한다. 대부분의 일광노출은 일광욕뿐만 아니라 일상에서의 노출이다. 많은 아이들이 야외에서 무방비 상태로 놀고 있는데 이들은 밖에 나갈 때마다 해로운 자외선에 그대로 노출된다. 외출할 때마다 좋은 자외선 차단제로 보호되어야 하며, 자외선 차단제는 여름에만 사용할 것이 아니라 일년 내내 사용해야만 한다.

6. 장기 일광 손상

노화에 대해 우리가 생각하는 거의 모든 증상은 일광 노출과 직접적인 관련이 있다. 심지어는 표정선과 같은 본질적인 노화 증상도 일광 손상으로 인해 더욱 악화된다. 과다색소침착, 가죽 같은 질감, 거칠기(조도), 주름, 색소침착 저하증, 심각한 선상 국소 탄력섬유증(피부의 늘어짐), 가슴과 유방 사이 오목한 부분의 주름, 농진과 모세혈관확장증, 주사, 목주름, 심각한 탈수 및 장벽 기능 문제들은 모두 일광 노출과 직접적인 연관이 있다.

광노화피부(dermatoheliosis)는 의학 용어로, 일광 노출로 인한 장기 손상을 표현하기 위해 만들어졌다. 피부는 장기간 노출로 심각한 영향을 받는다. 진피 내 콜라겐과 엘라스틴 섬유는 교차결합(cross-linking)이란 과정을 시작한다. 본질적으로 콜라겐과 엘라스틴 섬유는 피부 지지계를 무너뜨리는 반복된 일광 노출로 인해 세포 손상의 영향이 누적되어 붕괴된다. 심미적으로 피부의 깊은 주름, 늘어짐과 탄력 섬유증을 초래한다. 일광 손상 피부는 본질적인 이유로 노화된 피부 이상으로 심각하게 노화된다.

주름은 표정선에서만 나타나지 않고 모든 방향으로 여러 부위에서 나타난다. 일반적인 표정선은 일광 손상 피부에서 더욱 깊어진다. 비정상적인 진피와 표피의 구조는 피부에 가죽 같은 거친 외관의 느낌을 부여한다. 피부 유형은 멜라닌 축적과 과색소침착으로 인해 변색된다.

일광 손상이 있는 사람의 피부는 만질 때 매우 거칠고 표면이 고르지 않다. 이는 세포 손상 때문으로 각질층과 다른 표피 세포들이 정상적으로 나타나지 않는다. 만성적인 일광 노출로 DNA 변성이 일어났기 때문이다. 세포들은 혼란스러워 고르지 않게 분열되고 더는 정상적인 모양을 유지하지 않는다.

정상 피부의 교차결합을 관찰한다면 표피의 세포들이 벽돌벽의 층을 이루는 것을 볼 수 있다. 일광으로 손상된 피부의 구조는 마치 붕괴된 벽돌벽처럼 보인다. 일광 손상 피부의 표피는 점점 얇아지고 진피는 천천히 위축이나 붕괴를 시작하여 떨어져 나간다. 이것이 바로 태양이 결국에 피부를 제압하여 파괴하는 과정이다.

일광 손상이 있는 고객들은 여러 갈래의 주름이 있고 눈 주변과 목뿐만 아니라 얼굴 전체에 나타나며, 피부는 고르지 못한 피부톤과 주근깨 투성이의 상태가 되며 가죽같이 거친 느낌과 외관을 갖게 된다. 종종 건성 패치와 고객들이 느낄 정도의 건조함을 불평한다. 피부 세포들이 보기 흉하게 되고 장벽 기능의 손상을 일으키며 충분한 양의 세포간질 생성에 실패하고 적절한 피부 수분 공급이 불가능해 진다. pH 3.5의 알파하이드록시산 시럽이나 크림 및 히알루론산, 글리세린 및 양질의 보습제인 세라마이드, 콜레스테롤이나 인지질과 같은 지질 대체 성분들을 사용해야 된다. 일광 손상된 피부는 여러 부위에서 모세혈관확장증(telangiectasias)이나 농진이 나타날 수 있다.

일광 손상은 일부 혈관의 붕괴와 혈류 감소의 원인이 되기도 한다. 작은 모세혈관들은 강의 지류와도 같다. 이 혈관들은 매우 연약하고 쉽게 멍이 들 수 있다. 높은 연령대의 고객에게서 비교적 쉽게 멍든 부위를 발견할 수 있다. 여러 의학적 요인이 있을 지라도 일광 손상을 입은 피부는 손상되지 않은 건강 피부에 비해 훨씬 더 쉽게 멍이 드는데 이것은 이미 피부가 일생에 거쳐 심각한 손상을 입었기 때문인 것으로 해석된다.

7. 일광 손상 예방법

의심할 여지 없이 가장 효과적인 일광 손상 관련 트리트먼트는 예방이다. 이는 자외선 차단제의 일상적인 사용을 포함한다. 자외선 차단제품은 태양에 의해 방출되는 UVA 혹은 UVB 걸러내고 반사하거나 흡수시키도록 고안됐다. 화학적인 흡수제에 함유된 자외선 차단(chemical absorbing sunscreen) 성분들은 가장 대중적인 자외선 차단 성분인 옥티녹세이트(octinoxate, 이전에는 옥틸 메톡시신나메이트라고 불림), 옥티살레이트(octisalate, 이전에는 옥틸살리시에이트), 옥시벤존(oxybenzone, 이전에는 벤조페논) 및 아보벤젠(avobenzone 또한 1989년에는 Parsol이라고 알려짐)을 포함한다. 이 성분들은 자외선을 흡수하고 화학적으로 중화시키며 복합적으로 사용된다. 옥티녹세이트와 옥티살레이트는 UVB 스펙트럼의 스크린 부분이다. 옥시벤존은 일부 UVB와 UVB를 차단하고 아보벤존은 모든 UVA를 차단시킨다. 여러 자외선 차단 성분들은 UVA와 UVB 스크린과 결합되는데 이것이 바로 광범위 스펙트럼 선스크린으로 알려져 있다. 흡수하는 자외선 차단 성분들의 장점은 도포 시 눈에 보이지 않지만 높은 자외선 차단지수(SPF)로 처방될 수 있다는 점이다. 단점은 민감성 피부에 반응을 보인다는 점이다. 흡수하는 자외선 차단제는 피부 알레르기와 자극의 주요 원인 중 하나가 될 수 있다.

물리적 자외선 차단제(Physical sunscreen) 성분들은 피부에서 광선을 반사시키는 작용을 한다. FDA에 의해 승인된 성분은 티타늄 디옥사이드(titanium dioxide)와 징크옥사이드(zinc oxide)로, 우수한 자외선 차단제로 인정받아 다량의 UVA와 UVB를 막아준다. 오랫동안 코에 잔여물이 남는 화이트 크림 같은 불투명 크림의 유형이 출시되었고, 이제는 자외선 차단제 도포 후 흔적이 남지 않는 미세입자로 변형되었는데 미세입자로 변형된 후에도 여전히 짙은 피부색의 경우에는 잔여물이 보일 정도로 입자가 크다. 물리적 자외선 차단제는 민감성 혹은 알레르기성 피부에 좋다. 높은 SPF 지수의 자외선 차단제의 경우 피부에 백탁현상이 일어나기도 하고 끈적임 없는 질감으로는 처방하기가 힘들다. 흡수되는 차단제는 보다 광범위한 보호 스펙트럼을 제공하도록 결합될 수 있고, 물리적 차단제는 흡수성이 있는 차단 성분과 혼합이 가능하다. 화장품학적으로 더 높은 SPF 차단제가 넓은 보호 스펙트럼을 가진다는 것은 여러 가지 임상시험을 통해 증명되었다. 자외선 차단제가 피부 트리트먼트와 일광 손상 예방에서도 중요하므로 대부분에 데이크림에 보습, 영양공급과 다른 기능의 미용 성분을 함유했다. 자외선 차단제는 로션이나 크림 형태로 다양한 피부 타입에 맞는 에몰리엔트의 다양한 무게와 양으로 혼합되었다.

SPF는 자외선 보호지수(Sun Protection Factor)를 나타내는데, SPF는 자외선차단제를 도포한 후 얼마나 오랫동안 재 도포하지 않고 선번이 되지 않고 견딜 수 있는지를 표시하는 지수다. 이것은 최소홍반량(MED : minimal erythemal dose)의 척도로 자극으로부터 피부가 빨갛게 되지 않고 얼마나 오래 지속될 수 있는지를 의미한다. SPA의 의미는 선번을 예방하도록 고안된 것으로 실제 얼마나 많은 UVA와 UVB 광선이 차단되는 지를 측정하는 것은 아니다. SPF 15 자외선 차단제는 UVB를 94% 정도 차단하는 것에 반해, SPF 30은 약 98% 정도를 차단한다. 그러나 민감성 피부의 경우, 보다 높은 SPF는 잠재적으로 자극적인 자외선 차단제의 화학성분의 사용을 의미하기도 한다. 일반적으로 대부분의 피부과 전문의, 약사와 피부관리사는 SPF 15의 자외선 차단제를 일광 손상에 대해 좋은 보호제 역할을 한다고 간주한다. 결코 일광 손상이 전혀 없다는 것은 아니지만 그 결과는 개인의 유전, 도포 방법, 도포 횟수나 피부 타입, 계절과 기후 조건과 다른 요인에 따라 달라질 수 있다. 대부분의 피부관리사와 피부과 전문의는 오전 10시에서 오후 3시 사이의 자외선이 가장 강력하다고 이야기한다. 이 시간대에는 고객들이 직사광선을 쬐지 않도록 권면하는 것이 좋다.

1) 피부와 광선
2) 태양광선과 에너지
3) 자외선과 색소침착
4) 자외선과 피부손상(광손상 방어 기전 : 자외선, 자외선과 피부, 자외선과 피부건강, 자외선과 피부질환, 자외선과 피부노화, 자외선의 인체 영향과 예방, 피부와 모발, 모발도 노화됨. 햇빛으로 인한 피부 트러블의 유형임)
5) 자외선에 의한 피부반응(홍반 · 색소 반응 : 즉시 색소 침착 · 자연 색소 침착/피부 두께의 변화 · 광노화)
6) 자외선에 의한 멜라닌 생성
7) 자외선으로부터 인체 방어기전
8) 피부와 태양
9) 색소이상증
10) 광과민성 피부질환 : 기미 · 주근깨 · 색소침착
11) 자외선으로부터 피부 보호
(자외선 차단지수, 화학적 자외선차단제, 물리적 자외선차단제)

09 피부와 영양

피부조직의 형성을 포함한 모든 신체 기능은 영양과 직접적인 연관이 있다. 우리가 먹는 음식과 마시는 물은 생명의 기본 블록(block)을 구성한다. 음식은 기본 분자의 형태로 부서져서 인체의 모든 세포에 전달된다. 이 분자들은 손상을 재생시키고 새로운 세포들을 형성하며 신체에 작용하는 모든 생화학적 작용들을 실행시킨다. 또한, 우리 신체가 수많은 기능을 수행할 수 있도록 에너지를 공급한다. 피부는 순환계의 동맥과 모세혈관을 따라 흐르는 혈액과 림프에 의해 영양을 공급받는다. 신체라는 기계를 가동할 모든 필요한 모터와 에너지의 근원은 우리가 섭취하는 음식물에 함유되어 있다(그림 9-1).

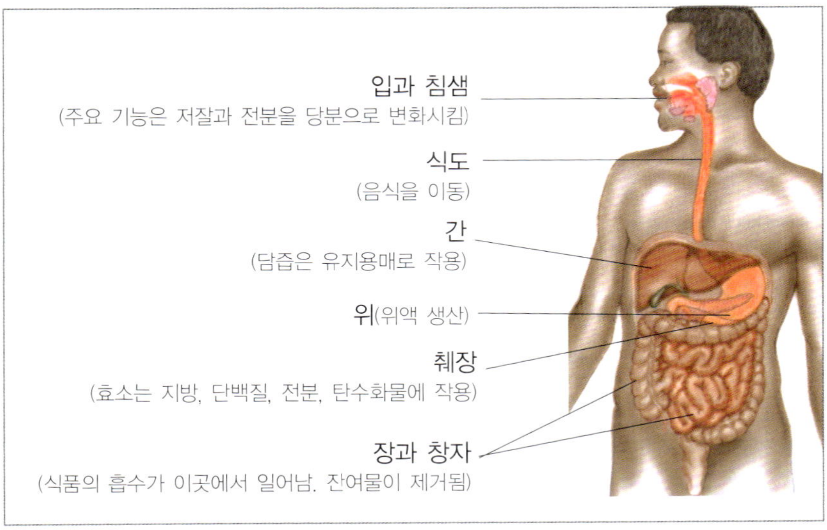

[그림 9-1] 소화계와 음식 섭취

피부관리사가 영양사는 아니지만 당뇨나 고혈압 같이 잘못된 조언에 의해 부정적인 영향을 받을 수 있는 고객의 경우 영양에 대해 심각하게 고려해야 한다. 따라서 피부관리사는 영양에 대한 지식과 우리가 섭취하는 음식에 의해 신체가 어떤 영향을 받게 되는지를 알아서 개별 고객관리 서비스에 적용해야 한다. 건강한 피부는 좋은 영양 상태가 필수적이다.

1. 영양 권장사항

영양적 필요사항은 나이, 성별, 체중, 신체활동 및 신체 유형과 같은 다양한 요인에 좌우된다. 모든 연령대의 사람들은 보다 많은 칼슘 · 칼륨 · 섬유질 · 마그네슘과 비타민 A · C와 E의 섭취를 권장 받는다. 임신이나 수유 같은 개인적인 사항은 여성의 영양적 필수조건에 영향을 준다. 질환이나 약의 복용은 혈류 및 세포에 미치는 영양소의 정상 과정을 방해함으로써 음식 소화력에 영향을 준다.

2. 피부를 위한 영양

다량영양소(macronutrients)는 피부 기능을 포함한 신체 기능에 필요한 기본 요소를 구성한다. 다량영양소는 단백질, 탄수화물과 지방 세 가지 군으로 구성되며 우리가 섭취하는 영양소의 가장 큰 부분을 차지한다. 이 세 가지 기본 음식 군에서 발견되는 먹는 음식은 신체 건강을 지지하는 데에 필수적이다. 권장섭취는 단백질 20%(105g), 탄수화물 54%(281g)와 지방 26%(60g)이다. 이는 USDA의 DASH 섭취 계획에 따른 하루 2,000kcal 섭취를 기준으로 한다.

USDA 가이드라인은 균형 잡힌 영양섭취를 위해 일일 섭취 권장량(RDAs)을 권장한다. 일일 권장 칼로리는 남성의 경우 2,300~3,000kcal이고 여성은 1,900~2,200kcal이다. 일반적인 음식 카테고리의 범위로서 다이어트 시

45~65%는 탄수화물 복합체여야 하며 15~35%의 단백질, 그리고 30%의 불포화 지방이다.

3. 다량영양소

1) 단백질(protein)

단백질은 신체의 모든 세포에서 가용 단백질을 만들기 위해 사용되는 아미노산 분자이다. 이 단백질은 세포와 신체에서 요구하는 다양한 기능을 수행한다. 디옥시리보핵산(deoxyribonucleic acid)의 복제에서 사용되는 단백질은 모든 살아 있는 세포의 기능을 통제하는 정보를 포함하는 청사진이다. 단백질은 피부, 네일과 모발에 존재하는 케라틴뿐만 아니라 근육조직 · 혈액과 효소를 만드는 데에 필요하다. 단백질은 항체를 만드는 면역계에서 사용된다. 콜라겐 또한 단백질로 만들어지며, 단백질은 모든 필수아미노산을 함유한다.

2) 탄수화물(carhohydrate)

탄수화물은 신체에 에너지를 공급하는 기본요소인 화학적 당분을 깨뜨린다. 주로 탄수화물 식품(carbs)은 신체 에너지의 대부분을 제공하기 때문에 가장 중요한 탄수화물은 글루코즈(glucose)이다. 글루코즈는 글리코겐 혹은 동물성 녹말과 같이 근육과 간에 저장된다. 근육이 사용될 때 글리코겐(glycogen)은 근육 활동을 위해 필요한 에너지를 제공하기 위해 끊임없이 노력한다. 탄수화물은 여러 중요한 신체 화학물질을 생성하는 단백질과 결합될 수 있다.

예를 들어 무코다당류(mucopolysaccharide)는 우수한 수분 결합체인 탄수화물-지질 복합체이다. 이들은 피부에 중요하고 진피의 섬유질 사이에 있는 수분 결합 물질인 글리코사미노글리칸(glycosaminoglycan)과 같이 진피에 존재한다.

3) 지방(fat)

지방 혹은 지질(lipid)은 다량영양소의 세 번째 그룹이다. 지방은 에너지로 사용되지만 탄수화물처럼 바로 활용될 수는 없다. 많은 사람들은 비만은 지방과 관련이 있다고 알고 있지만 사실 일부 지방은 다이어트를 시도하는 중에도 필수적으로 요구되고 좋은 건강 상태의 필수 요소라고 할 수 있다. 신체 내 지방층은 열 유지를 돕는다. 지방은 피부에 윤기를 주는 피지선에서 물질을 생성하는 데 사용된다. 지질은 호르몬과 세포막을 구성하고 지용성 비타민 A · D · E와 K의 흡수를 돕는 호르몬을 조성하기 위해 신체에서 사용되는 지방 혹은 지방과 유사한 물질이다.

4) 효소(engyme)

효소는 단백질과 비타민으로 구성된 생물학적 촉매제이다. 효소는 음식으로부터 권장되는 에너지를 활용하고자 복합체 식품 분자들을 보다 작은 분자들로 깨뜨린다. 효소는 신체 내 작용을 가속화 혹은 반응하는 데에 필수적이다. 신체 내 물질들은 효소들을 이산화탄소와 수분으로 구분하여 불필요한 부산물을 배출한다. 비타민 또한 분자들을 깨뜨리는 데에 도움을 준다.

4. 다량영양소 : 비타민

비타민 혹은 다량영양소는 칼로리가 없고 영양적 가치가 없는 물질들이지만, 적절히 신체에 의해 진행되는 여러 영양물질에 필수적이다. 이들은 세포에 의해 수행되는 여러 과정과 생명에 필수적인 여러 생화학 물질 생성에 필수적이다. 대부분의 비타민들은 그 자체로는 합성될 수 없기 때문에 다이어트의 프로그램을 구상할 때 반드시 식단에 포함되어야 한다. 비타민은 단백질을 깨뜨리고 재구성하며 아모노산으로 전환시키고 지방산을 합성하는 여러 화학적 작용들에 필요하다. 여러 비타민들은 탄수화물로부터의 에너지 방출에 수반된다. 비타민 없이 신체는 가동될 수 없고 결국 생명을 잃을 수도 있다.

비타민은 피부의 치유, 연화와 질병 대처에 도움을 주는 피부 건강에 중요한 역할을 한다. 비타민 A · C와 E 같은 항산화 비타민들은 모두 피부 건강에 긍정적인 효과를 보여주었다. 전문가들이 비타민이 내적으로 피부 건강을 지지하는 최상의 방법이라는 데에 동의함에도 불구하고 일부 외부 비타민 도포 또한 피부에 영양을 공급하기도 한다.

이상적으로 적절한 기능과 생존에 필요한 영양소들은 우리가 먹는 음식으로부터 공급돼야 한다. 한 사람의 일일 음식 섭취에서 영양소, 비타민과 미네랄 보충이 부족하다면 일부 추가 영양소들의 공급을 도와줄 수 있다. 약 복용은 비타민과 미네랄의 신체 흡수력을 방해할 수 있다. 비타민은 지용성비타민(A, D, E, K) 및 수용성비타민(B군 C)로 구분된다.

1) 지용성 비타민

지용성비타민 A · D · E와 K는 대개 음식 내의 지방에 존재한다. 신체는 이들을 간과 지방 조직 속에 저장한다. 신체 내에 저장될 수 있기 때문에 비타민 A와 D를 다량 얻는 것이 가능하다. 지용성비타민들은 세포의 외막을 보호한다.

(1) 비타민 A

비타민 A는 노화피부를 위한 스킨케어 제품에 사용되는 성분인 레티놀(retinol)로 알려져 있다. 비타민 A는 레티노이드라고 불리는 복합체의 그룹이기도 하다. 레티놀 · 레티노산과 레틴-A는 모두 레티노이드의 예이다.

비타민 A는 적절한 시력을 유지해주는 데에 도움이 되는데 특히 밤에 필수적이다. 비타민 A의 결핍은 야맹증 혹은 밤에 시각의 적응력 손상을 주기도 한다. 비타민 A는 또한 폐 · 내장 · 점막 · 방광과 피부의 표면을 구성하는 상피조직의 적절한 유지에 중요하다. 이 표면들은 보호와 적응에 중요한 점액을 생성한다. 비타민 A는 피부의 전반적인 건강을 지지한다. 비타민은 피부 세포의 기능과 손상을 돕는다. 비타민 A는 피부암을 포함한 일종의 암을 예방하고 피부의 탄력과 두께를 개선해주는 것으로 나타났다. 국소적으로 비타민 A는 다양한 여드름 유형과 주름 관리에 사용될 수 있다.

비타민 A가 없으면 상피조직의 세포기능을 손상시키고 점액을 재생시키며 박테리아 감염의 결과를 초래하는 신체 내 단단한 케라틴 단백질을 형성한다. 이 표면들은 암 성장에 빈번한 위치가 된다. 대부분의 비타민 A는 절반은 레티놀에서 절반은 베타-카로틴에서 얻고 있으며, 강화우유는 비타민 A를 함유한다. 강화(fortified)는 음식에 비타민이 첨가된 것을 의미한다.

(2) 비타민 D

비타민 D는 피부가 일광 노출 시 콜레스테롤로부터 합성되기 때문에 햇빛 비타민이라고 한다. 피부는 일광 노출에 의해 심각하게 손상을 입기 때문에 이는 선탠의 권장을 뜻하는 것은 아니다. 최소량의 햇빛은 비타민 D 합성에 필수적이다. 이것의 주요 기능은 적절한 뼈 성장과 유지에 필요한 요소인 칼슘을 신체가 제대로 흡수할 수 있도록 하는 것이며 피부의 건강과 치유 속도를 배가시킨다. 또한, 신체의 골격구조를 지지하기 때문에 여러 강화식품 및 다이어트 보조제에 존재한다. 식습관의 원천은 강화우유 · 어유 · 노른자위 및 버터를 포함하는데 식물성 식품은 비타민 D의 좋은 원천은 아니다. 비타민 D의 결핍은 어린이들에게서 나타나는 구루병 현상이다. 구루병이 있는 어린이들은 정상적으로 뼈가 성장되지 않는다. 성인에게서 비타민 D의 결핍은 점진적인 뼈의 연화와 만곡인 골다공증 혹은 성인 구루병의 형태로 나타난다. 골다공증은 뼈의 질 감소 혹은 골격조직의 위축이며 비타민 D의 결핍이 바로 장애의 원인이 된다. 건선 또한 비타민 D 결핍과 연관된 것처럼 보이는데 비타민 D는 신체 내에 축적되고 드물긴 하지만 과다한 비타민 D로부터 유독성이 생길 수 있다. 대부분의 비타민 D 독성은 과다 공급의 결과이다.

(3) 비타민 E

비타민 E 혹은 토코페롤은 주요 항산화제로 유해산소(다른 분자들로부터 전자를 훔치는 거친 분자들)로 야기되는 손상으로부터 신체를 보호하는 데 중요하다. 토코페롤은 세포막이 손상되지 않도록 유해산소의 차단을 돕는다. 계속적인 유해산소로 인한 손상은 여러 질환들과 종양 형성 또한 피부뿐만 아니라 신체의 노화 과정 등과 연관되어 있다. 비타민 E는 대개 손상으로부터 신체의 여러 조직을 보호하여 기능이 정상화될 수 있도록 한다. 비타민 A와 결합되어 사용되는 비타민 E는 자외선의 해로운 영향으로부터 피부보호를 돕는다. 비타민 E는 내적, 외적으로 사용 시 조직 손상 치유를 돕는다. 국소적인 로션이나 크림 등 외적으로 사용할 때에 비타민 E는 선번과 스트레치마크를 포함한 피부의 구조적인 손상의 치유를 돕는다. 비타민 E의 훌륭한 원천은 식물성 오일과 면실유(잇꽃오일은 비타민 E가 매우 풍부)에 함유되어 있고 녹색의 잎줄기채소, 아보카도, 밀눈, 난황과 버터에 있다.

(4) 비타민 K

비타민 K는 혈액 응고에 필요한 단백질 합성에 필수적이다. 비타민 K는 혈관 벽을 강화시켜 비정상적인 혈관이나 거미정맥의 존재를 감소시킨다. 비타민 K는 콩 · 시금치와 브로콜리 같은 짙은 잎줄기채소와 난황에서 발견된다. 비타민 K의 결핍은 드물긴 하지만 조절하기 힘든 출혈과 장에 의해 지방의 적절한 흡수를 예방하는 일종의 장애와 연결될 수 있다.

2) 수용성비타민

수용성비타민 B와 C는 세포 내부에 이로움을 준다. 수용성비타민은 신채 내에 오래 머무르지 않는다. 신체는 거의 모든 신진대사 작용에 이용된 후 배설되므로 신체에 보유되지 않는 수용성비타민은 정기적인 공급을 해야만 한다. 이들 대부분은 여러 음식을 통해 쉽게 얻을 수 있다.

(1) 비타민 C

아스코르브산이라고 알려진 비타민 C는 항산화제로 신체를 여러 산화 형태와 유해산소를 수반하는 문제들로부터 보호한다. 비타민 C는 피부와 조직의 적절한 치유에 필요한 중요한 비타민이다. 비타민 C는 노화과정 대적에 중요하고 피부를 건강하고 탄력 있게 유지시키는 진피조직의 콜라겐 생성을 증진시켜 준다. 연골과 경추디스크뿐만 아니라 피부의 콜라겐 형성에 필요하다. 비타민 C는 더 많은 유해산소를 중화시켜 줌으로써 비타민 E를 재생시켜 준다.

비타민 C는 쉽게 멍이나 치은 출혈과 혈관의 팽창을 야기한 혈관 벽의 손상을 예방한다. 비타민 C는 혈관 유지와 혈관 내 응고를 유발하는 나쁜 콜레스테롤의 산화를 예방하여 심혈관계 질환 예방에 도움을 주며 신체의 치유 과정을 돕는다. 비타민 C는 시트러스계 과일에서 발견되는데, 짙은 녹색, 잎줄기 채소, 토마토와 다른 과일 및 채소 등이다. 흡연자들의 경우 신체 내에 더 많은 유해산소를 보유하기 때문에 그들의 신체 내 비타민 C는 대폭 감소된다. 비타민 C 결핍으로 인한 괴혈병 증상은 쉽게 멍이 들거나 치은 출혈, 더딘 상처 치유와 빈혈을 유발한다. 괴혈병은 드물긴 하지만 좋지 못한 식습관을 가진 사람들이나 경우에 따라 장년층에게서 나타난다. 비타민 P라고도 하는 비오플라보노이드는 비타민 C의 흡수를 증진시킨다. 비오플라보노이드는 통증과 멍을 경감시켜주며 모세혈관을 보호한다. 비오플라보노이드는 혈액순환을 촉진시키고 항박테리아 효과 및 구강 헤르페스의 증상을 감소시켜준다. 비오플라보노이드는 감피 · 후추 · 포도 · 마늘 · 딸기류와 녹차에 함유되어 있다.

5. 미네랄

신체는 다양한 미네랄을 필요로 한다. 이 무기물질들은 여러 세포 작용과 신체 기능에 필수적이다. 대부분은 비교적 소량으로 필요하지만 생명에는 필수적이다.

1) 필수 미네랄

일부 중요한 미네랄과 그 기능들은 다음과 같다.

(1) 칼슘 : 치아와 뼈 형성 및 유지에 중요하다. 뼈가 잘 부러지는 퇴행성 질환인 골다공증을 예방한다.

(2) 마그네슘 : 치아 부식과 신경 및 근육 운동을 예방하면서 에너지 방출과 단백질 합성에 필요하다.

(3) 인 : 에너지 사용, 수분균형과 근육 운동에 필요하다. 혈압 유지와 세포 영양 이동 및 작용을 조절하며 심장 및 신경계 기능에 중요하다.

(4) 나트륨 : 수분 균형을 조절하며 세포막을 통해 물질을 이동시킨다. 혈액 pH를 조절하고 위 · 신경과 근육 기능을 돕는다. 나트륨 섭취를 제한하기 위해 사람들은 하루 2,300mg 미만(약 소금 1티스푼)으로 섭취한다. 저염도 음식을 선택하고 준비하는데 나트륨과 인은 균형을 이루어야 하므로 과일과 채소 같이 인이 풍부한 음식을 섭취한다. 평균적으로 한 개인이 지나친 염분(염화나트륨) 섭취를 하면 혈압이 상승될 수 있다. 염분 섭취를 줄여야 혈압 상승의 위험이 감소된다.

2) 미량 무기물

신체 내 필요한 다른 미네랄들은 미량무기물이다. 소량으로 필요하지만 제대로 된 신체기능에 필수적으로 세포와 조직 내에 존재한다.

(1) 철 : 헤모글로빈 생성과 적혈구 세포의 산화에 사용된다. 효소와 면역계에 필수적이다.
(2) 요오드 : 과다한 지방의 신진대사를 돕고 갑상선 기능에 중요하다.
(3) 아연 : 단백질 합성과 콜라겐 형성에 중요하다. 상처 치유를 증진시키고 면역계를 돕는다.
(4) 구리 : 뼈, 헤모글로빈, 세포와 엘라스틴의 형성을 돕는다. 치유, 에너지 생성에 관련되며 콜라겐 형성에 필수적이다.
(5) 크롬 : 에너지 및 글루코즈의 신진대사와 지방 및 단백질 합성을 돕는다. 크롬은 혈당수치를 안정화시킨다.
(6) 불소 : 건강한 치아와 뼈 형성에 필요하다.
(7) 셀레늄 : 면역계를 보호하는 중요한 항산화제이다. 항체 형성과 건강한 심장 유지를 위해 비타민 E와 함께 작용하고, 조직의 탄력에 필요하다.
(8) 망간 : 단백질과 지방 신진대사를 돕고 건강한 신경을 증진시키며 면역계 기능을 지지한다. 망간은 에너지 생성과 뼈 성장에 도움을 준다.

6. 영양과 피부 관리

적절한 영양은 피부 건강 유지에 주요 요소가 된다. 일부 음식은 직접 피부 상태에 영향을 주기도 하지만 과학적으로 입증되지 않은 여러 가지 음식과 피부에 대한 속설도 있다. 전반적으로 통용되는 예는 초콜릿이 여드름을 유발하거나 악화시킬 수 있다는 것이다. 정크 푸드(인스턴트 음식이나 패스트푸드)와 단 음식들은 건강에 좋지 못하고 대량으로 섭취되어서는 안 되지만, 직접적으로 여드름에 영향을 주지는 않는다. 하지만 과도한 요오드는 여드름을 공격할 수 있다.

매운 음식과 알코올 섭취는 피부의 주사비 재발을 야기한다. 식습관은 피부에 영향을 주고, 피부는 신체 전반의 건강 지표가 된다. 일부 여성들은 체내 지방을 감소시키는 저지방 다이어트를 하는데 호르몬의 불균형을 가져와 과색소침착과 여드름을 유발하는 피부 문제를 일으킬 수 있다.

7. 고객의 건강 문제

비만과 체중 감소는 많은 고객들의 관심사이다. 고객들이 자신의 건강 관련 문제에 대해 얘기를 꺼낼지라도 피부관리사가 제대로 영양에 대해 교육받지 않았다면 고객들에게 영양 관련 문제의 카운슬링의 근본을 제공해서는 안 된다. 고객의 건강과 법적인 결과에 있어 위험할 수도 있다. 영양에 대한 심각한 문제가 있는 모든 고객들은 공인된 영양사에게 자문을 구해야 한다.

1) 체중 감소에 대한 몇 가지 진실

(1) 체중을 감소하는 유일한 방법은 소모하는 것 이상의 칼로리를 태우는 것이다.

(2) 어떤 식습관은 신체에 해를 끼치는 화학적 불균형을 일으킬 수 있다.

(3) 비타민과 보조제는 적절한 영양을 위한 대체물이 아니다. 균형 잡힌 식습관으로부터 필요로 하는 대부분의 비타민과 미네랄을 얻을 수 있다.

(4) 비타민과 미네랄 보조제들은 삶의 과정에 기본적인 탄수화물, 단백질과 지방을 제공하지 않기 때문에 영양적 가치가 거의 없다.

(5) 효과를 얻을려면 비타민과 미네랄을 위해 균형 잡힌 식습관을 가져야 한다. 만약 빌딩과 집을 유지하는 관점에서 영양을 본다면 나무와 벽돌(거대영양소)이 없는 상태에서 못(비타민과 미네랄)은 아무 소용없다.

(6) 신체에 해로운 영향을 미치지 않으면서 체중을 감소시켜 주는 어떤 마술적인 성분도 존재하지 않는다.

(7) 체중을 감소시키고 적절한 체중을 유지하는 최상의 방법은 적절한 운동을 수반한 건강한 식습관을 받아들이는 것이다.

8. 음식의 선택

풍부한 음식 선택의 폭은 건강한 고품질의 음식을 섭취하는 데 보다 용이하다. 교육과 과학적 진보는 음식이 건강에 어떤 영향을 미치는 지에 대한 영양 지식을 증가시켰다. 유기농 음식은 농약 없이 자라고 화학성분이 첨가되지 않은 음식을 말하며, 더욱 대중화되고 있다. 농부가 운영하는 마켓과 식품점의 건강 음식 섹션은 점점 일반화되고 있다.

9. 물(수분)과 피부

어떤 사람도 물이 없이는 삶을 영위할 수 없다. 제대로 기능을 하기 위해 몸과 피부는 둘 다 물에 깊은 의존을 하고 있다. 물은 체중의 50~70%를 차지한다. 마시는 물은 피부와 몸을 건강하게 유지시켜 준다. 세포를 건강하게 하고 독소 및 노폐물의 제거를 도우며 신체 온도를 조절하고 절절한 소화를 돕는다. 이런 모든 기능이 제대로 수행될 때 피부는 건강하고 활력이 넘치며 매력적으로 된다. 하루 9~12컵의 물을 마실 것을 권장하고, 개인에게 필요한 물의 양은 체중과 매일의 신체적 활동 수준에 달려 있다.

신체 보습을 위해 항상 매일 마실 물을 큰 병으로 휴대한다. 고객이 서비스를 받는 동안에도 물을 제공할 것을 잊지 말라. 물을 마시는 것이 건강한 피부 유지를 위한 지름길임을 고객에게 권장하여야 한다.

1) 영양적 균형을 위한 최상의 선택

- 피부에 좋은 영양소
- 스트레스로부터 피부를 보호하는 영양소
- 건강한 피부를 위한 비타민
- 노화를 예방하는 비타민 E
- 상피세포 재생에 관여하는 비타민 A
- 건강한 피부결을 유지하는 단백질
- 피부에 좋은 음식과 우리 몸에 주는 작용
- 장부 론에 따른 피부 질환
- 식이영양을 통한 피부 자연치유법
- 기타 피부관리
- 자연 성분이 피부를 되살린다.

10 피부 증상과 주요 피부 병변

1. 피부 증상

1) 소양감(Pruritus, Itching)

소양감이란 피부를 긁거나 문지르고 싶은 충동을 느끼는 감각으로 가장 흔한 피부 증상이다. 따끔거리거나 참지 못할 정도로 심하게 가려운 경우도 있고, 돌발적 혹은 지속적으로 나타나며, 이 정도는 신체의 부위나 개인에 따라 차이가 많다. 신체 부위 중 항문과 생식기가 특히 소양감을 느끼기 쉬운 부위이다.

소양감은 습진, 두드러기, 음식물 알레르기, 옴, 이, 기생충 등에 나타나며 모든 염증성 피부질환이나 당뇨, 건조증에서도 나타난다.

2) 동통(Pain)

질환의 종류에 따라 욱신거리거나 바늘로 찌르고 타는 듯한 감각 등이 있다.

2. 피부 병변

피부 질환의 처음 상태를 확인하기 위해 기본적인 병변을 구분할 수 있어야 한다.

원발진은 피부 질환의 초기 병변을 말하며, 이들이 진행하거나 회복, 외상 등의 외적 요인에 의해 변화된 병변을 속발진이라 한다.

1) 원발진(Primary lesion)

(1) 반점(Macule)

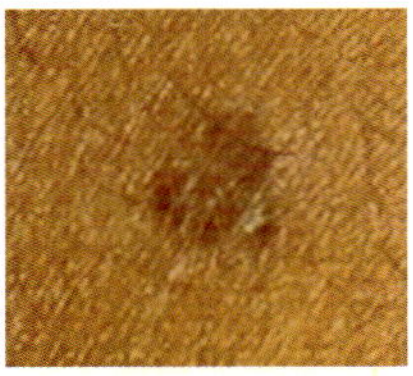

피부 표면에 돌출이나 함몰이 없는 피부 색조의 변화가 있는 것이다. 원형 혹은 타원형이며 경계가 명확하거나 주변으로 갈수록 색이 차차 흐려져 간다. 예로 과색소침착 또는 저색소침착, 홍반 등의 형태로 나타난다.

반점에는 홍반(erythema)과 자반(prupura)과 같은 붉은색 반점이 있는데, 홍반은 손으로 압력을 가하면 사라지며, 진피 혈관확장으로 나타난다. 그리고 자반은 적혈구가 혈관 외로 노출된 상태이기 때문에 손으로 눌러도 사라지지 않는 반점으로 감염이나 혈관 및 혈액 이상과 관련 있다. 과색소침착증 중 전신성 과색소침착증은 전신적으로 나타나는 일부 질환에서 보이며, 국소성 과색소침착증은 기미, 주근깨 등의 형태로 보인다. 반면 피부의 저색소증은 백반증이나 백색증에서 관찰된다.

(2) 구진(Papule)

경계가 뚜렷하게 돌출되어 있으며 직경은 1cm 미만이다. 색상은 한진의 경우 흰색, 습진은 적색, 황색종은 황색 등으로 나타난다. 종류는 편평한 사마귀같이 표피가 두꺼워져 돌출된 표피성 구진이나 부종, 황색종같은 진피성 구진이 있다.

(3) 결절(Nodule)

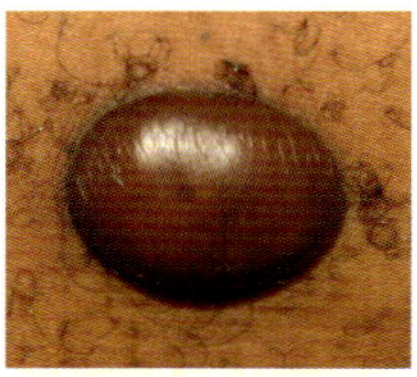

구진과 같은 형태이나 구진보다는 크고 만지면 단단한 덩어리처럼 느껴지며 지속되는 경향이 있다.

⑷ 종양(Tumor)

연하거나 단단한 병변으로 크기와 모양이 다양하며, 잘 움직이거나 고정되어 있다. 양성종양과 악성종양으로 분류되는데, 양성종양은 모반, 피지 과다증, 사마귀, 혈관증 등이 있다. 이것은 표피나 부속기관 등을 파괴하면서 증식되나 다른 기관으로 퍼질 염려는 없다.

악성종양은 림프관이나 혈관을 타고 퍼지며 전신성으로 신체에 막대한 피해를 입힐 수 있다.

⑸ 팽진(Wheal)

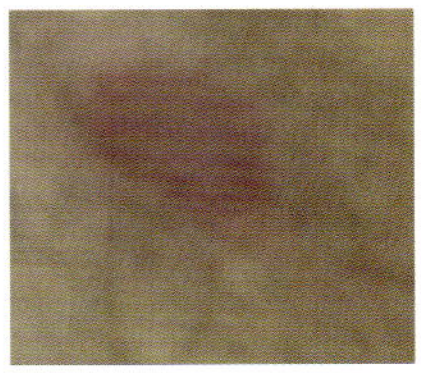

타원형 혹은 불규칙한 모양으로 크기 또한 다양하며 만지면 평평하게 솟아 있다. 소양증을 동반하며 하나씩 단독으로 발생하거나 혹은 집단으로 판을 만들기도 한다.

⑹ 소수포(Vesicle)

1cm 미만의 맑은 액체를 포함하고 있으며 압력을 가하면 터져나오기도 한다. 습진, 수두, 대상포진과 같은 바이러스성 피부질환으로 발생한다.

⑺ 대수포(Bullae)

대수포는 크기가 1cm 이상 되는 맑은 액체를 포함한 둥글거나 불규칙한 모양으로 팽팽하다. 얇고 가벼운 손상에도 잘 터지며 깊이 존재할 경우 궤양과 반흔을 남기기도 한다.

⑻ 농포(Pustule)

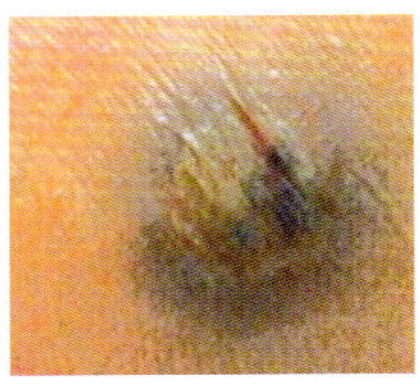

피부의 돌출된 형태로 모양은 수포와 비슷하나 농을 포함하고 있다. 처음부터 농포로 형성되거나 구진과 수포로부터 이행되기도 한다.

2) 속발진(Secondary Lesion)

인설, 찰상, 균열, 가피, 미란, 궤양, 반흔, 위축 등이 있다.

(1) 인설(Scale)

건조하거나 습한 각질의 덩어리로 가볍게 긁으면 쉽게 떨어진다. 각질 생성이 빨라지거나 각질화 과정의 이상으로 박탈되어 발생되며 다양한 크기와 모양으로 형성된다. 그리고 여러 염증성 질환이 인설의 원인이 된다.

(2) 찰상(Excoriation)

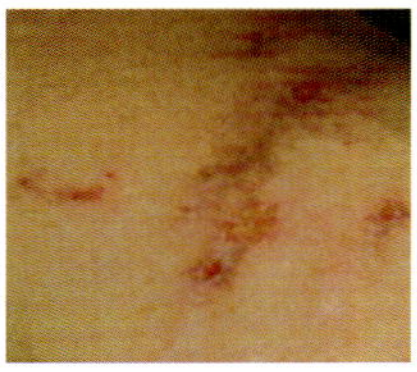

가려움증(소양감)을 해소하기 위해 손톱으로 긁는 행위로부터 발생하며, 다양한 소양성 피부질환에서 관찰된다. 크기와 형태는 다양하며 농포를 형성한다.

(3) 균열(Fissure)

질병이나 외상으로부터 발생되는 표피에 생기는 틈으로, 염증과 건조로 두꺼워지고, 불규칙한 선의 양상을 보인다.

손가락, 손가락과 발가락 사이, 항문, 입술의 외각에 잘 발생된다. 통증은 새로운 균열이 발생될 때 생긴다.

(4) 가피(Crust)

혈액, 농, 혈청 등의 마른 덩어리로 세균과 표피 부스러기가 혼합되어 있다. 가피는 크기, 두께, 모양 및 색이 각각 다르다.

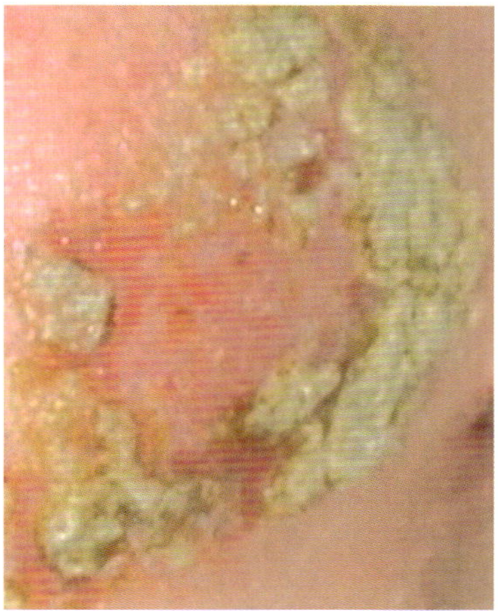

뺨의 가피(2차 감염)

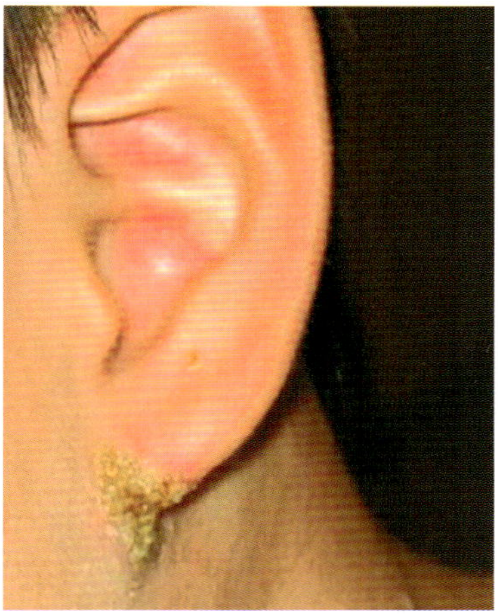

가피(2차 감염)

(5) 미란(Erosion)

수포가 터진 후 손상이 표피에 한정되어 있고, 표피만 떨어져 나가 발생하며 반흔없이 치유된다.

(6) 궤양(Ulcer)

궤양의 손상은 진피 부위 혹은 피하조직이나 그 이하까지 손상을 입히기도 하며 그 크기는 다양하고 반흔을 남기며 치유된다.

(7) 반흔(Scar)

정상 치유 과정 중의 하나로 형성되며, 질병이나 손상으로 발생된 진피 등의 결손을 메우는 새로운 조직의 생성으로 생긴다. 반흔의 크기는 결손의 모양에 따라 결정된다.

(8) 태선화(Lichenification)

피부가 코끼리 가죽처럼 두꺼워지며, 딱딱해지고 피부주름이 확연히 관찰된다. 만성 단순태선, 아토피 피부염 등의 만성 소양성 피부질환에서 보인다.

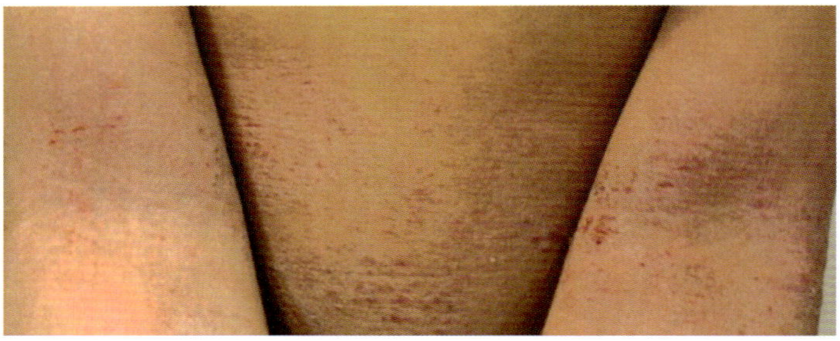

태선화

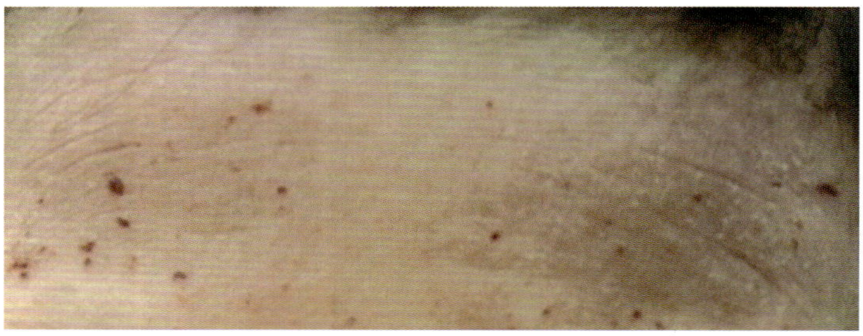

이마 위의 태선화 및 찰과상

11 다양한 피부 질환들

1. 습진(Eczema)

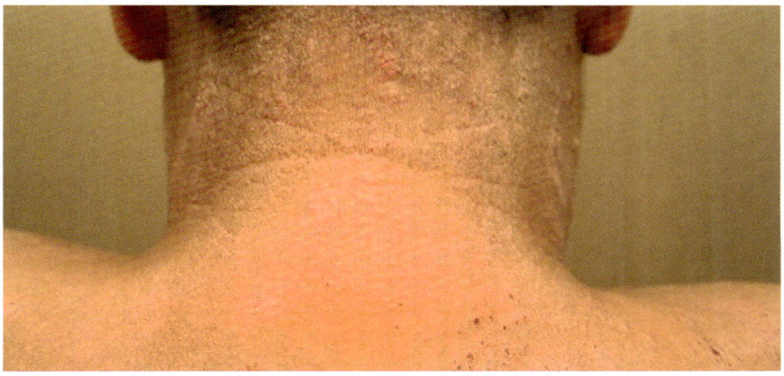

[그림 11-1] 습진 중 하나인 아토피 피부염

사람들은 피부염과 습진을 같은 의미로 혼동하여 사용하고 있으나 피부염은 피부의 모든 염증을 지칭하는 용어로 습진보다 광범한 의미이다. 그러므로 습진을 포함한 피부의 모든 염증을 피부염이라 칭할 수 있다(그림 11-1, 11-2, 11-3).

습진은 원인이 확실하지 않고 다양한 요소들이 원인으로 기인되는 경우도 있으며, 한 사람에게 다른 형의 습진이 동시에 존재할 수 있으므로 분류하기 쉽지 않다.

습진은 크게 외인성 습진과 내인성 습진 두 분류로 구별할 수 있다(표 11-1).

첫째는 외인성 습진으로 외부의 악화 요인이 관여한 것이 있고, 두 번째로는 외부 환경에 의한 것이 아닌 체내에서 일어나는 것이다. 그러나 일부 사람들은 내인성 및 외인성 악화 인자를 동시에 갖고 있는 경우가 있다.

[표 11-1] 습진의 분류 - 외인성, 내인성 습진

외인성 습진	내인성 습진
자극 접촉 피부염 알레르기 접촉 피부염 광알레르기 접촉 피부염 감염 피부염	아토피 피부염 지루성 피부염 건성 습진 화폐상 습진 주부습진

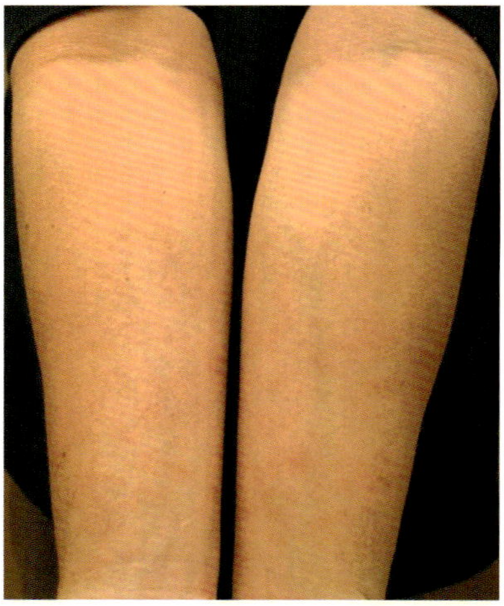

[그림 11-2] 습진 중 하나인 아토피 피부염

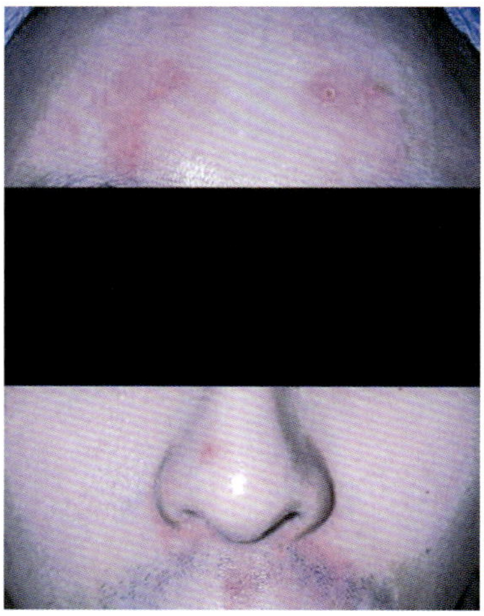

[그림 11-3] 알레르기성 접촉 피부염

1) 시기별 분류

(1) 급성기

부종 및 수포가 관찰되며 특히 손이나 발바닥은 각질층이 두꺼워 수포가 늦게 터지므로 다른 부위 수포보다 큰 대수포를 이룬다. 진물이 흐르는 시기는 상피가 떨어져 나가 열상이 진피까지 이르고 있다.

(2) 아급성기

피부가 더욱 두꺼워져 태선화의 소견으로 변해간다.

(3) 만성기

과각화증이 일어나고 상피에는 그 이상 염증세포의 침윤이 없다.

2) 검사법

(1) 피부첩포 검사(patch test)

면역반응을 확인하는 검사로 시간이 경과한 후 발생하는 지연 과민반응을 체크하는 검사이며, 습진의 급성기가 지난 후에 이루어진다.

알레르기의 원인물질을 찾기 위한 검사로, 가장 의심이 되는 원인 물질 및 화장품을 환자의 피부에 직접 접촉시켜 알레르기 반응 유무를 확인하는 검사이다.

하지만 자극 반응을 보이는 물질이 많고 이것이 습진과 정확한 관련이 있는지 알아내기 힘든 경우가 있다.

검사 방법은 의심 물질 및 알레르기 원인이 되는 물질을 등이나 팔 등의 피부에 붙이고 약 24~48시간 후 제거해 피부 반응 유무를 관찰 판단한다. 경우에 따라 72시간, 92시간까지 붙여 피부 반응을 관찰한다.

(2) 피부단자 검사(skin prick test)

보통 등이나 팔 안쪽 등 검사 부위를 소독 후 시행하는데 즉시형 알레르기에서 원인을 찾는데 일반적으로 쓰이며, 약 15~30분 가량 소요된다.

바늘을 이용해 검사 부위를 찔러 검사를 원하는 식품이나 물질의 시약을 피부 내로 침투시켜 반응을 보는 검사이며, 이때 양성 대조로 히스타민을, 음성 대조로 생리식 염수를 사용한다.

검사 결과인 피부 반응은 붉게 반점이 돋는 발적이나 두드러기처럼 부푸는 팽진으로 나타난다.

의심 물질의 수나 종류를 선택할 수 있고 비교적 짧은 시간 내 검사 결과를 알 수 있는 장점이 있지만 직접 피부에 상처를 내야 하므로 영유아 환자의 경우 고통 및 공포를 느낄 수 있다.

3) 습진의 치료법

(1) 급성 습진

원인 제거가 우선적으로 행해져야 한다. 많은 환자들이 민간요법이나 자가치료로 기존의 습진이 악화되는 경우가 있어 악화 요인을 잘 살펴볼 필요가 있다. 휴식, 습진의 보호, 자극이 없는 외용제의 사용과 안정이 중요하다. 특히 전신적으로 발생한 습진이나 자주 사용하는 팔, 다리, 발의 급성 습진은 환부를 되도록 움직이지 않는 것이 중요하다.

진물이 나는 급성 습진의 경우 상황에 따라 시원한 생리식염수나 소독작용이 있는 약물에 환부를 담그거나 습포를 사용하는데 이때 1일 3~4회 반복한다. 그리고 염증을 신속하게 가라 앉히기 위해 부신피질 호르몬제가 함유된 국소 도포제를 사용한다.

(2) 아급성 습진

다리의 습진같이 자주 긁어 악화되는 부위는 붕대로 감아주어 긁지 못하게 하여 상처 회복을 돕는다. 하지만 붕대를 감을 때는 느슨하고 편안하게 감아 주지만 촘촘하게 감아야 한다.

(3) 만성 습진

긁거나 이차 감염 등으로 환부가 악화될 수 있으므로 환자의 주의를 요한다. 비누나 향수는 되도록 적게 사용하고 필요한 경우에는 선별적으로 사용한다.

2. 아토피 피부염(atopic dermatitis)

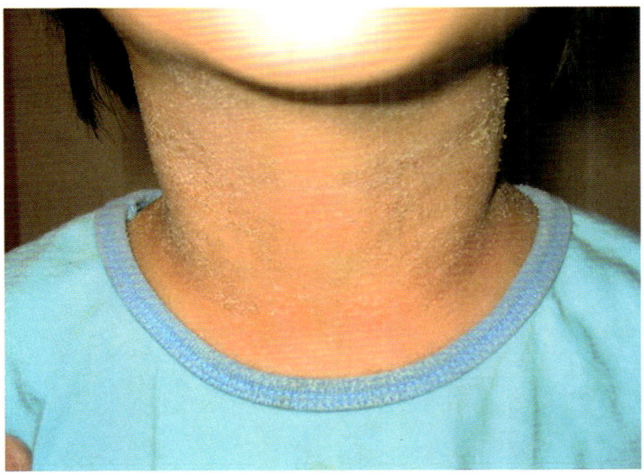

[그림 11-4] 아토피 피부염-염증과 인설로 목이 덮여 있음

아토피(atopy)는 '이상한 (strange)' 혹은 '부적절한 (out of place)' 이라는 의미를 지닌 용어로서, 음식물 또는 흡입성 물질에 대한 알레르기 반응이 유전적으로 발생하는 경우를 일컫는다.

1925년 Coca가 선천적으로 음식물과 흡입성 물질에 대한 알레르기 반응의 결과로 피부염이나 천식, 고초열이 나타나는 경향을 아토피라고 기술한 이후부터 쓰이게 되었는데, 아토피성 질환에는 아토피 피부염 이외에 천식, 알레르기성 비염, 알레르기성 결막염 등이 있다.

현재까지 명확한 원인은 밝혀지지 않았으나, 유전적 소양을 보이는 가족력과 식이섭취 등으로 인한 생활, 환경의 영향, 손상된 피부를 통해 유입된 항원에 대한 면역반응이 혈중 IgE 항체의 농도를 증가시킴으로써 나타나는 복합적 질환이다 .

실질적인 피부 병변의 증상은 심각한 소양증, 발진, 부종, 출혈, 미란과 표피의 박리로 특징지어지며, 아토피 피부염의 병리학적인 변화는 표피의 비후 및 염증세포의 침윤이 관찰된다.

아토피 피부염의 원인은 아직 명확하게 밝혀지지 않았으며, 유전 및 환경적 요인과 함께 다른 여러 요인들이 복합적으로 작용하여 병변이 발생하리라 생각된다.

아토피 피부염이 가족력이 있는 것으로 보아 유전적인 요인이 작용한다는 것을 짐작할 수 있다. 환경적인 요인의 가장 중요한 것은 온도와 습도의 변화로써 아토피 피부염 환자는 급격한 온도 변화나 낮은 습도에서 심한 소양증을 보여 피부 병변이 악화된다. 이는 대부분의 아토피 질환을 지닌 사람들이 온도가 높은 여름이나 습도가 낮은 겨울에 악화되는 양상을 나타내는 것만 보아도 알 수 있다.

아토피 피부염의 가장 중요한 증상은 가려움증과 피부 건조이다. 피부 건조는 경피 수분의 손실을 가져오고, 피부 장벽의 손상을 유발하게 된다. 이러한 피부 장벽의 손상은 외부에 존재하는 항원의 피부 통과와 흡수를 증가시켜 면역반응이 나타날 수 있는 중요한 요소로 작용하고 있다.

또한, 피부 각질층의 수분을 유지하는데 가장 중요한 역할을 하는 세라마이드는 아토피 피부염을 지닌 사람들의 피부 병변 부위와 병변이 없는 부위에서 모두 감소되어 있다.

아토피 피부염의 원인 및 악화 요인 중 하나로 피부장벽 기능의 이상을 들 수 있다. 피부는 외부의 환경과 항상 접하고 있는 인체에서 가장 큰 기관으로 주로 수분소실을 막는 보호 장벽의 역할을 담당하고 있다. 피부장벽 기능은 주로 표피의 각질층에 존재하는데, 이 각질층은 피부 밖으로 수분과 전해질의 소실을 억제하는 장벽 역할을 함으로써 표피의 건조를 막고, 표피가 정상적인 생화학적 대사를 할 수 있는 환경을 제공하며, 외부의 물리적 손상과 화학물질로부터 인체를 보호하고 세균, 곰팡이, 바이러스 등이 피부로 침범하는 것을 방지하는 역할을 한다.

아토피 피부염 환자에서는 각질층 내 지방의 양적, 질적 변화가 있고, 피부장벽 기능은 아토피 병변뿐만 아니라 건조하거나 병변 호발 부위의 정상 피부에서도 손상되어 있다.

다음 원인으로는 어린아이들에게 영향을 미치는 음식물에 대한 것이다. 음식물 중 특히 우유, 달걀, 콩, 밀가루 등에 대해 알레르기 반응을 보일 수 있다.

하지만 시간이 지나면서 음식물에 대한 알레르기가 감소되거나 소멸되므로 음식물을 너무 제한하는 것은 성장하는 아이들에게 좋지 않은 영향을 미칠 수 있다.

환경적 요인 중 가장 중요시하는 것이 공해, 먼지, 집진드기 등 생활환경의 변화에 의한 것이다. 이는 소아형 이후 성인형으로 갈수록 음식물에 대한 알레르기는 소실되나 환경에 대한 알레르기가 높게 나타나는 것과 아토피 피부염의 발생 빈도의 증가를 보면 알 수 있다.

아토피 피부염 환자는 일반적으로 다른 피부염 환자에 비해 세균의 침입, 바이러스, 곰팡이에 대한 피부염이 잘 발생하는 것으로 알려져 있다. 그러므로 2차 감염 발생 여부를 잘 관찰하고, 발생 시 적절한 조치를 취해야 한다.

1) 아토피 피부염의 증상

아토피 피부염의 증상은 심한 가려움과 함께 긁어서 벌겋게 변한 발진과 각질로 시작해서 심해지면 물집 및 진물 등을 보이는 급성 증상으로 진행한다. 특히 가려움증은 매우 심해서 피가 날 정도로 긁게 되고, 가려움 - 긁기 - 가려움의 악순환으로 계속해서 점점 더 악화되며, 피부가 두꺼워지고 주름이 뚜렷해진다. 또한, 밤에는 가려움증이 더욱 증가하여 수면장애가 생길 수 있다.

급성기에는 가려움증이 심한 발진과 물집이 발생하는데 긁으면 진물이 발생하며,

이차 감염도 생길 수 있다. 아급성기에는 찰과상, 벌겋거나 각질이 있는 발진과 판이 발생하며 만성기에는 반복된 긁기로 인해 피부가 검고 두껍게 변하게 된다.

2) 치료

목표는 피부 수화(hydration), 악화 인자의 확인 및 제거, 소양감과 피부염의 치료 등이다.

(1) 피부수화

급성기나 만성기에 효과적이다.

하루 2~3차례 미지근한 물에 병변 부위을 15~20분간 담근다. 끝나면 물기를 닦고 국소 치료제를 바르며 병변부가 아닌 부위는 보습제를 바르는데 호전되면 횟수를 줄인다.

(2) 악화인자

피부 자극 물질은 비누, 나일론이나 모직류, 각종 용해제, 땀 등이 될 수 있으므로 피한다. 생활 환경은 항상 일정한 온도와 적정 습도를 유지한다. 또한, 넉넉한 사이즈의 순면 제품의 의복을 입도록 한다.

3) 아토피 피부염의 피부 관리법

스킨케어의 일반적 의미는 정상이거나 치료된 피부를 건강하게 유지하기 위해 시행하는 과정으로 햇빛, 기후 및 화학물질 같은 주된 외부환경으로부터 피부를 보호하거나 손상을 최소화하는데 그 목적이 있다.

아토피 피부염은 호전과 악화를 수시로 반복하므로 스킨케어를 받기 위해 정상 피부가 되기를 기다릴 수 없으므로 좀 더 넓은 의미로 스킨케어의 의미를 적용시켜야 한다. 오히려 상태에 알맞은 스킨케어를 시행하여 빠른 회복을 시키는 것이 더 좋다. 더구나 아토피 피부염은 일반적인 목욕법이나 보습제가 치료에 중요한 역할을 하므로 피부 장벽 복구와 재발 방지를 위해 직접적으로 피부에 시행하는 모든 노력을 스킨케어라고 보아야 할 것 이다.

아토피 피부염의 가장 흔한 증상은 피부 건조인데, 이는 세라마이드의 감소로 피부가 건조해지면 수분 부족으로 세포와 세포 사이에 틈이 생기며, 이 틈 사이로 이물질이 들어가 가려움증을 유발한다.

아토피 피부염 환자에서의 적절한 목욕은 각질층 내에 수분을 공급해줄 뿐만 아니라 땀이 피부에 주는 자극도 줄이고, 피부 표면에 있는 알레르겐과 박테리아를 없애주는 효과를 발휘하며, 치료제 흡수율의 증가, 불필요한 각질의 제거, 가려움증의 완화와 스트레스 해소 등을 위해 적절히 하는 것이 좋다고 보고되는 추세이다. 다만 목욕 후에 수분이 마르면 피부 수분까지 함께 증발하므로, 건조한 피부가 되는 것을 피하려면 목욕 후 3분 이내에 전신에 보습제를 바르도록 하는 것이다.

미국의 National Eczema Association에서 권장하는 방법으로 입욕을 하는 목적은 보온이 아니라 청결 유지에 있으므로 물의 온도는 35℃ 이내의 미지근한 온도가 좋으며, 목욕 중에는 세정을 도와주는 독적으로 거친 타월 등으로 피부를 문지르지 말 것, 목욕 후 3~5분 이내에 보습제를 바르도록 할 것 등이 있다. 아토피 피부염 환자에서 적절한 목욕 온도는 일반적인 피부 표면 온도범위보다 낮도록 유지시켜야 하는데 최대 35℃를 넘지 않는 것이 바람직하다. 목욕 직후 피부 표면온도가 높을수록 초기 수분 증발량이 많아지고 이로 인하여 피부 건조가 촉진된다는 점을 항상 유념해야 한다. 그러나 목욕의 방법과 시간에 대하여 획일적인 기준이 존재할 수는 없다. 대부분의 아토피 피부염 환자들과 달리 소수의 환자들은 욕조 안에 들어가면 쉽게 가려움증을 호소하고 긁는 경우가 많아 입욕 자체가 악화 요인이 될 수 있으므로 목욕의 횟수도 줄이고 그 방법도 변형시켜 적용해야 할 때도 있다.

아토피 피부염의 가장 큰 특징은 피부건조증이라고 할 수 있다.

특히 아토피 피부염의 악화와 피부건조증과는 밀접한 연관관계가 있다. 그러므로 피부를 수화시켜 부드럽게 유지하고, 소양감 및 염증을 줄여 주려는 원칙에 따라 관리하여야 한다. 일반적으로 보습제는 각질층의 수분을 공급해 주는 습윤제를 함유하고 있으며, 피부 표면에 막을 형성하여 각질층 상부에 수분을 유지시켜 줄 뿐만 아니라 피부에 탄력을 주게 된다. 습윤제와 보습 성분의 적절한 조화는 보습 능력을 증가시킬 뿐 아니라 피부 장벽 기능의 회복을 증가시킨다. 최근에는 아토피 피부염에서 감소된 세라마이드를 보충하고 피부 장벽의 이상으로 발생되는 피부 건조증을 치료하기 위해 많은 유사 세라마이드들이 합성되고 있으며, 이들을 성분으로 하는 보습제들이 많이 출시되고 있는 실정이다. 세라마이드를 함유한 제품을 꾸준히 사용한 경우 아토피 피부염의 재발을 막을 수 있을 뿐 아니라 수개월 이상 증상 없이 지내는 경우도 있다. 이러한 효과는 피부 장벽 기능의 회복에 기인하는 것으로 생각되며 이들 세라마이드를 주성분으로 하는 제품은 아토피 피부염 외에도 건선, 노인성 건조증, 건조 피부염, 주부습진 등에도 효과가 좋다.

3. 접촉성 피부염(irritant dermatitis)

습진의 일종으로 외부 물질과의 접촉에 의해 발생되는 피부염이다.

• 원발성 접촉피부염(primary irritant dermatitis)

일정한 농도로 자극하면 거의 대부분의 사람에게 발생하는 피부염을 말한다. 대부분 직업적으로 발생한다. 원인 물질에 따라 피부 병변은 다양하게 나타나며, 자극의 강도가 강할 때는 화상이나 급성 피부염의 형태로 나타나고 만성 자극은 아급성이나 만성 습진 형태로 나타난다.

경우에 따라 내성이라는 반복적인 자극에 의해 피부염의 발생이 없어지기도 하고 반대로 초기에는 아무 반응이 없다가 일정한 시간이 흐른 후 병변이 발생하는 피로 현상이 나타나기도 한다.

4. 주부습진(Housewife's eczema)

물이나 세제에 지속적으로 노출된 가정주부에게 많이 발생한다. 발병에는 개인적인 소견이 중요하며 그중 아토피 피부염의 병력이 있는 사람에게서 잘 나타난다. 주부뿐 아니라 요리사들에게서도 혹은 채소나 음식물들에 의해 직업적으로 유사한 피부병이 발생한다.

치료는 물과 세제에 직접 닿지 않도록 하며, 알레르기의 흔한 요인이 되는 고무제품, 향료, 금속 등에 반응이 있는지를 확인하여 피하도록 한다.

면장갑과 고무장갑을 동시 사용하는 동시에 이들 사이에 습기가 차지 않도록 하며, 물에 닿는 일을 한꺼번에 처리하며 발병 초기에 치료해야 한다.

보습제의 선택 시 wash-out effect가 일어나지 않는 것을 선택하여, 수시로 발라 손상된 피부 장벽 기능을 회복시키게 한다.

5. 알레르기성 접촉 피부염 (Allergic contact dermatitis)

정상인에게는 피부질환을 일으키지 않으나 특정 물질에 감작된 사람들에게는 피부염이 발생되는 것으로, 이때 피부염을 일으키는 물질을 알레르겐(allergen)이나 항원(antigen)이라고 칭한다.

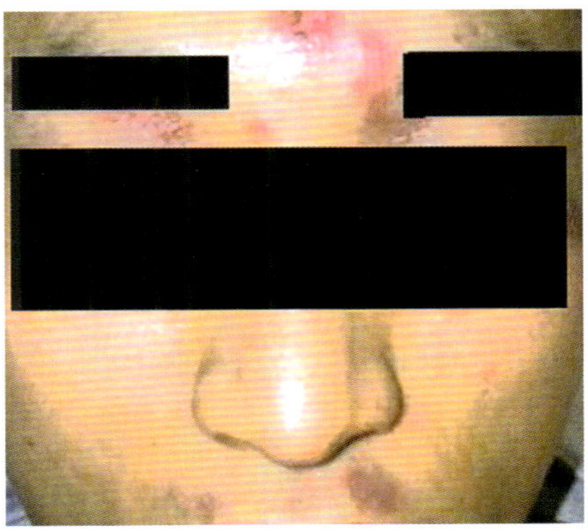

[그림 11-5] 알레르기성 접촉 피부염

감작이란 외부로부터 항원이 침투되었을 때 생체가 이를 이물질로 인식하고 이에 항체를 만든 상태를 의미한다. 원인 물질은 대부분 화학물질로 니켈, 크롬, 코발트 및 유기 화합물이 이에 속한다.

1회 접촉만으로 감작이 가능하기도 하지만, 통상 항원에 감작되기 위해서는 장기간의 반복 접촉이 필요하다.

원인물질로는 식물 중에서는 옻나무과의 식물들(약 60속, 종으로는 600종), 은행나무의 열매, 야생 앵초, 국화과의 식물, 무화과 즙 등에 의해 발생한다.

둘째 고무인데, 생고무를 고무제품으로 만들기 위해 첨가되는 다양한 화학물에 의해 발생될 수 있으며 브래지어, 고무장갑, 팬티, 케이블, 신발, 피임 기구 같은 가정용 고무 제품 등에 함유되어 있다.

셋째 화장품이며 중요 항원으로는 방부제, 향료, 기제 성분 등이 문제가 되는데 화장품의 전성분 표시제의 실시로 예전보다 진단이나 치료가 한결 수월해졌다.

그 외 물질로는 머리 염색약, 화장품의 파라벤(paraben), 프로말린(formalin), 솔빅산(sorbic acid) 등의 방부제, 니켈, 크롬, 코발트, 수은 등의 금속이 이에 속하며 라놀린, 프로필렌글리콜(propylene glycol)의 제품기제, 합성 향료인 시나믹 알코올(cinnamic alchol), 제라놀(geraniol), 이소유제놀 (isoeusenol) 등이 있다.

모든 접촉성 피부염은 환자의 나이, 성별, 직업, 취미, 그리고 본인이 접촉했다고 추정되는 모든 물질에 대해 다양하게 심층적으로 확인할 필요가 있다.

첩포 검사는 필수적으로 행해져야 하며, 그 원리는 정상인에게는 반응을 일으키지 않고 감작된 사람에게만 반응하도록 조절한 항원을 이용하여 반응을 본다.

6. 지루성 피부염(seborrhea dermatitis)

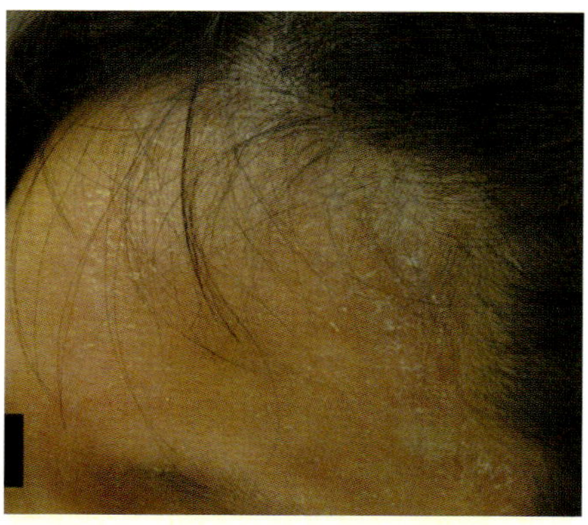

[그림 11-6] 지루성 피부염

지루성 피부염은 피지선의 분포가 많은 부위에 유아부터 성인까지 전 연령에 걸쳐 주로 발생하는 원인 미상의 아급성 또는 만성의 피부염이다. 두피, 눈썹, 눈꺼풀, 비구순 주름, 입술, 귀, 흉골 부위(sternal area), 액와부, 유방 하부, 배꼽, 서혜부, 둔부 사이의 주름 부위 등에 발생한다.

원인은 현재 확실히 밝혀져 있지 않으나 피지선의 분비가 활발한 두피, 안면 등에 지루성 피부염이 생기는 것으로 보아 과다한 피지 생성이 원인으로 짐작된다.

악화 요인으로 정서적 긴장이나 스트레스를 꼽을 수 있다. 남성에게서 흔하며 지성 피부와 연관이 있으며 후천성면역결핍증이나 정신 발육 지연, 중추신경계 손상, 간질, 파킨슨병이나 알코올 중독자에서도 호발한다.

병변은 황갈색의 각질과 부스럼으로 덮여 있으며, 가벼운 홍반에서 심한 홍피증까지 다양한 증상이 나타날 수 있다.

1) 원인

확실하지는 않지만 피지의 과다분비, 진균의 증식, 스트레스 등이 있다.

(1) 피지의 과다분비

지루성 피부염은 지성 피부를 가진 사람에게 흔하지만 성인의 경우, 이미 피지선의 활동이 감소되는 시기에도 지루성 피부염이 발생하는 걸로 보아선 다른 요인들도 관여되리라 유추된다.

(2) Pityrosporum ovale

피지를 좋아하는 (호지성) 진균의 과다 증식과 관계있다고 짐작된다.

환자의 두피에 많이 발생되고, 항진균제의 도포가 호모균의 수를 급격하게 감소시키고 피부염을 호전시킨다.

(3) 스트레스, 정서적 긴장

지루성 피부염을 악화시키며, 계절적으로는 차고 건조한 환경이 문제가 된다.

2) 증상

지루성 피부염의 특징은 건조하거나 기름기가 있는 인설이 특징으로, 다양한 모양과 크기의 분홍색 반을 형성하고, 호전과 악화를 되풀이하며 가려움증이 있을 수 있다. 두피에서는 쌀겨 모양의 비듬이 생기기도 한다. 증상이 심해지면 두피 전체에 악취를 풍기는 기름기 있는 비듬이나 진물, 두꺼운 딱지가 생기며, 두피를 벗어나 이마, 귀, 뒤, 목에까지 퍼질 수 있다. 더욱 심해지면 두피 전체가 악취와 함께 더러운 딱지로 덮일 수 있다. 눈꺼풀 가장자리는 붉은 비듬이 나타나는 안검염이 생길 수 있으며, 결막은 가끔 충혈된다. 미간에 생기는 경우는 붉은색 반의 미세한 비듬으로 나타나며 눈썹 내측의 주름진 피부에 갈라짐이 생기기도 한다.

입 주변 주름 부위와 코 주변에도 황적색의 인설성 반이 생기고 갈라짐이 생길 수 있다. 바깥 입술의 표면에도 건성 비듬과 균열로 박탈 구순염이 생길 수 있다.

양쪽 겨드랑이에는 발진이 동시에 나타나 주변 피부까지 번질 수 있다. 가슴의 젖무리와 가슴 아래 또는 배꼽까지 황적색의 반과 인설로 남거나 갈라짐이 생긴 둥근 판을 생성하기도 한다. 몸통에서는 흉골 부위가 주요 호발 부위이며, 서혜부와 둔부 사이의 주름부에도 발생하나 비듬이 미세하고 경계가 덜 명확하다.

세균에 의한 이차 감염이 흔하게 발생하여 이차 세균감염인 농가진이 생길 수도 있다. 유아기의 지루성 피부염은 아토피 피부염이나 건선과 혼동되기도 하나 아토피 피부염이 병변의 홍반이 진하며, 소양감 또한 훨씬 심하다. 또한, 성인 지루 피부염은 건선, 주사, 완선 등과 혼동될 수 있다.

3) 치료

지루성 피부염 상태에 따라 매주 수차례 타르(tar), 징크피리치오디네이트(zinc pyrithionate), 케토졸라놀(ketoconazole) 등이 포함된 샴푸로 머리를 감고 외용연고로는 케토코나졸(ketoconazole) 크림이 효과적으로 얼굴에 사용하면 스테로이드(steroid)로 인한 부작용의 염려를 줄일 수 있다.

세균 감염이 심한 경우는 항균제가 포함된 스테로이드 제제를 사용하는 것이 효과적이며, 국소 스테로이드를 눈 주변에 바를 때는 녹내장과 백내장을 일으킬 수 있으므로 사용 시 주의를 요한다.

지루성 피부염이 심한거나 전신에 분포되어 있을 때는 스테로이드제를 사용하거나 이차 감염을 막기위해 항균제를 사용한다. 만성 질환이며 조절, 호전시키는 것이 치료의 목표이다.

피부관리는 염증 완화, 진정관리를 주로 하게 되며, 습포와 벨벳을 적절히 사용하면 효과적이다.

피지선 질환

7. 여드름

1) 여드름의 정의 및 원인

여드름(acne)은 점을 뜻하는 그리스어 akme에서 유래되어, 모피지낭에 생기는 만성적인 피부질환이다. 이러한 여드름은 면포, 구진, 농포, 낭종, 결절, 반흔 형성 등의 증상이 피지 분비가 많은 얼굴, 등, 어깨, 목에 주로 나타난다.

피지선에서 만들어진 피지가 모공에서 잘 배출되지 못해 모낭-피지선 단위 구조 내에 갇힌 곳에 여드름균의 증식으로 발생된다. 즉 피지선에서 지나치게 많이 만들어지는 피지, 그리고 이 피지가 분비되는 통로의 막힘, 이 상태에 프로피오니박테리움 아크네(p.acne, *propionibacterium acnes*)가 증식하여 염증을 발생시킨다. 이것이 여드름의 발생 기전이다.

사춘기에 여드름이 많이 나는 이유는 이 시기에 분비되기 시작하는 안드로젠에 의해 피지선의 피지 생성 능력이 갑자기 커지고, 이때 만들어진 피지가 모공을 통해 모두 빠져나가지 못하고 모낭과 피지선에 축적되기 때문이다.

피지를 많이 분비하게 하는 또 다른 요인 가운데 하나가 바로 스트레스이다. 바쁜 업무 때문에 밤을 새면 얼굴 또는 머리카락에 기름기가 많이 생기고 얼굴에 여드름이 생긴다. 그것은 잠을 제대로 못 잔 것이 신체적 스트레스로 작용하여 그 스트레스 때문에 피지 분비가 많아졌기 때문이다. 사람은 스트레스를 받으면 이를 극복하기 위해 코티졸(Cotisol)을 분비한다. 이 코티졸은 부신에서 만들어 지는데 이때 안드로겐도 같이 생성된다. 즉 스트레스를 극복하기 위해 코티졸을 만들 때 피지선을 자극하는 안드로겐까지 함께 생성되 피지 분비가 많아지는 것이다.

2) 여드름의 증상

(1) 초기 여드름

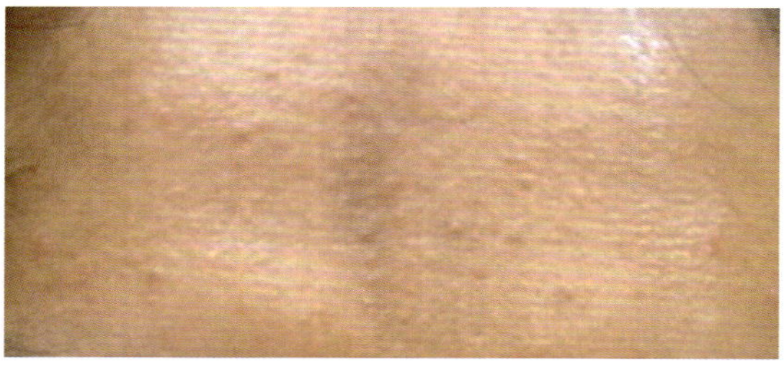
[그림 11-7] 화이트헤드(백색 면포)

[그림 11-8] 블랙헤드(흑색 면포)

여드름의 처음 시작은 1~2mm 정도의 흰색 알갱이가 피부 표면 아래 생기는데, 여드름이 생기면서 피부 표면 근처의 각질이 두꺼워져 피부 표면에서 막히면 피지선에서 생긴 피지가 밖으로 배출되지 못하고 고여 있는 상태이다.

과도한 피지의 분비는 피지관을 확장시키며 6개월에 거쳐 흰색면포를 생성시키며, 이 흰색 알갱이(피지 덩어리)에는 각질세포 및 미생물이 포함되어 있다.

이 가운데 내용물의 일부가 모공을 통해 피부 표면으로 나오면 공기가 접촉하여 검은색이 된다. 이를 검은색 면포 또는 블랙헤드(black head)라고 부르며 18개월이 지나면 사라진다. 블랙헤드를 짜면 노르스름한 흰색의 피지 덩어리에 각질세포가 엉겨붙은 것을 보게 된다. 이것이 초기 단계의 여드름이며, 이 단계까지의 여드름을 잘 관리하면 흉터를 남기지 않을 수 있다.

(2) 붉은 여드름

흰색 면포나 검은색 면포 상태에서 여드름균이 번식하면 염증 반응이 시작되면서 붉은색 여드름이 생기고 통증이 온다.

구진은 작고 딱딱한 붉은색의 병변으로 여드름에서 가장 잘 보이는 병변으로, 때때로 비염증성 여드름 병변과 염증성 여드름 병변의 중간 형태로 나타날 수 있고 경미한 염증을 동반하므로 색조는 붉게 보이나 안에 농은 잡히지 않은 상태이다.

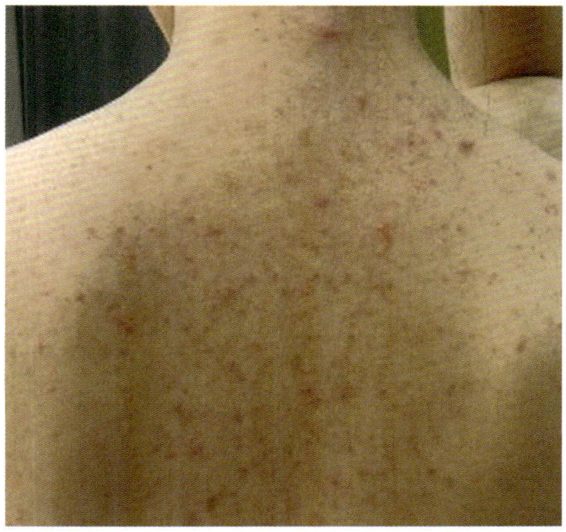

[그림 11-9] 구진

(3) 화농성 여드름(농포, 결절)

붉은색 여드름의 염증 반응이 더 진행되면 화농성 여드름이 되어 고름이 잡힌다.이 상태를 농포라고 한다. 여드름은 p.acnes 같은 미생물의 분비 효소에 의해 모낭벽이 무너지므로 여드름이 터지게 된다.

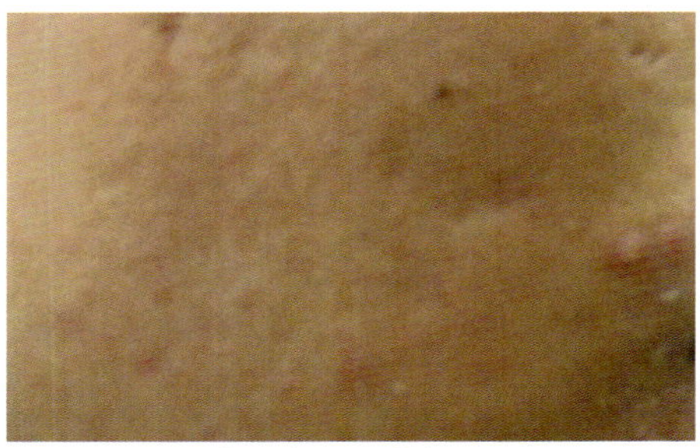

[그림 11-10] 농포

즉 농포는 약간의 균, 죽은 조직과 함께 균을 없애는 백혈구들이 너무 많이 모여 있어 누런 고름으로 눈에 보이는 것으로 구진과 비슷한 크기로 작고 둥그런 모양이지만 안에 농을 포함하고 있는 것이 구진과 다른 점이다. 이 농포를 직접 함부로 짜면 여드름의 내용물과 함께 피부도 함께 떨어져 나와 심한 흉터를 남긴다. 그러므로 농만 살짝 배농시킨다는 느낌으로 압출한다.

여드름이 아주 심해져서 고름주머니가 피부 안에서 터지면 여드름 주변에 더 많은 염증을 유발시킨다. 심하면 손가락만 한 여드름이 생기는데 이를 결절 이라고 한다.

이는 여드름의 가장 심한 형태로 크기가 크고 염증이 심하면서 다량의 농을 포함하고 있으며, 면포 내의 내용물이 밖으로 빠져나와 주변의 피부 조직에 면역 반응을 유도함으로써 농을 형성하게 된다.

상대적으로 피부 깊숙이 위치하며 통증을 동반할 수 있고 다른 여드름 병변에 비해 치유 과정 중에 여드름 흉터를 남길 확률이 매우 높다.

여드름은 주로 얼굴에 많이 생기지만 턱이나 목, 가슴, 등, 어깨에도 생길 수 있다. 턱이나 목에는 초기에는 흰색 여드름이 많이 나지만 곪으면 아주 큰 여드름이 된다. 가슴이나 등에는 일반적으로 큰 여드름이 잘 생기지 않지만, 크게 곪으면 켈로이드가 남기 쉬우므로 치료에 신경을 써야 한다.

(4) 낭종성 여드름

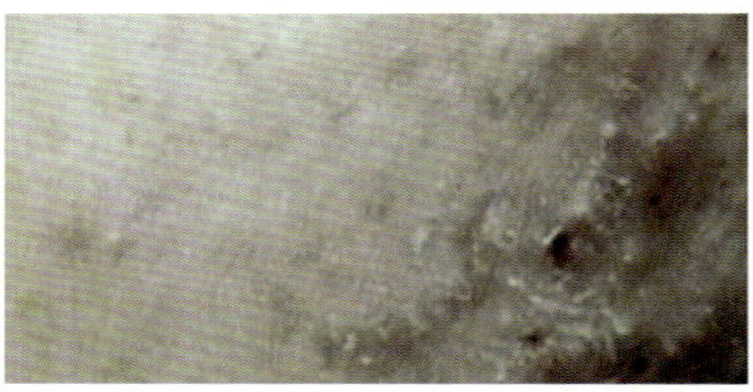

[그림 11-11] 낭종

낭종은 고름이나 비지 같은 것들이 들어 있는 주머니로 만지면 안에 고름 같은 것이 차 있는 느낌을 받는 큰 여드름으로 보통 7~15mm 정도 혹은 클 때는 2~5cm에 이르기도 한다.

얼굴과 등, 가슴 같은 곳에 잘 발생하며, 집단으로 몇 개씩 뭉쳐서 생기기도 하며, 내용물을 짜면 치즈 같은 형태의 물질이 배출되고 심한 악취를 내기도 하며, 흉터 발생 가능성이 높다.

모낭벽 완전 파괴 상태로 만지면 물컹물컹하고 면포가 여러 개 겹쳐 있다. 피고름 같은 것이 차 있는 느낌을 받는 큰 여드름이다. 낭종은 저절로 낫지 않고 농양을 형성하며 파괴되어 흉터를 남기거나, 낭종벽을 외과적으로 절제해야 하므로 외과적 절제술이 요구된다.

3) 여드름의 종류

(1) 심상성 여드름(Acne vulgaris)

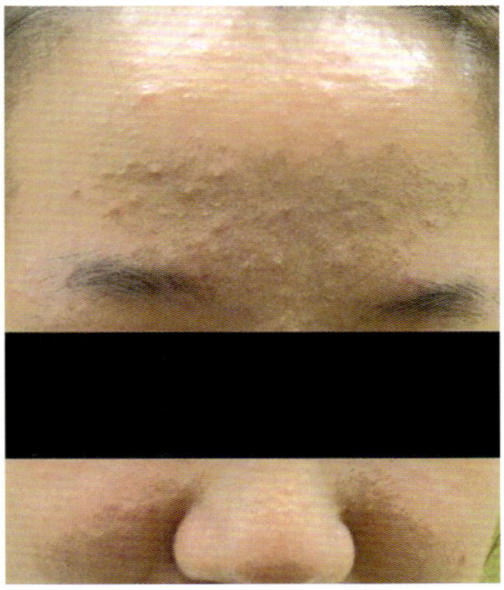

[그림 11-12] 심상성 여드름

가장 흔한 보통 여드름을 말하는데, 가장 대표적인 증상이 면포이다. 여기에 염증이 진행되면 붉은색 알갱이들이 나타나는 구진, 더 곪아서 고름이 잡히는 농포, 아주 심하게 염증이 진행되어 콩알만 하게 변하는 결절 등 여러 모양의 여드름이 동시에 나타난다.

심상성 여드름이 난 사람은 얼굴이나 머리에 피지 분비가 많아 기름이 많이 묻어 있는 경우가 대부분이며, 주로 10대 후반에서 20대에서 많이 생긴다. 제때에 치료하지 못하면 붉은색 또는 검은색 여드름 자국이 남거나 피부가 깊게 패이는 흉터가 남게 된다.

처음 발생 시 주로 얼굴에 생기나 후에 체간에도 발생하고 얼굴에 병변이 사라져도 상당 기간 체간에 남아 있기도 한다.

사람의 85%가 12~25세 사이에 여드름을 경험하게 되는데 남성은 16~19세, 여성은 14~16세에 가장 많이 발생한다.

1 두가지 유형

- 비염증성(면포성 여드름) : 지성 피부 위에 면포들만 보이는 가벼운 비염증성 여드름 형태. 모낭상피의 각화로 인해 각질과 피지가 정체되어 생성된 개방면포와 폐쇄면포가 있다.

- 염증성 여드름 : 비염증성 병변에서 기인하며, 심상성 여드름이 좀 더 심해지면 염증성 구진과 농포가 발생된다. 피부가 거칠고 지성 피부인 젊은 남성에게 잘 생긴다.

2 치료

초기 가벼운 여드름이나 면포의 경우 레티노이드(retinoid), 아제라익산(azelaic acid)가 단독으로 도포되며 면포, 구진, 농포가 혼합된 경우는 국소도포 항생제와 함께 사용한다.

중증도 이상의 경우 면포 용해제의 국소 도포와 함께 항생제의 경구 투여를 사용한다.

① 국소 치료법

- 벤조일 퍼옥사이드(Benzoyl peroxide)

  프로피오니박테움 아크네(*P.acnes*)에 대해 강력한 항균작용이 주작용이며, 항염 및 면포 용해작용이 있으나 피부 자극성이 있으므로 낮은 농도부터 시작한다.

- 국소도포 항생제

  염증을 줄여주며 주 항생제로는 테르라사이크린(tetracycline), 마이노사이클린(minocycline), 독시사이클린(doxycycline) 등이 효과적이다.

- 레티노이드(Retinoids)

  모낭 개구부를 열어주어 프로피오니박테움 아크네(*P.acnes*)의 증식을 막아준다. 제제로는 트레티노인(tretinoin), 이소트레티노인(isotretinoin), 아다팔렌(adapalene) 등이 있다.

- 아젤라익산(azelaic acid)

  프로피오니박테움 아크네(*P.acnes*)에 대한 항균작용과 이상 각화를 호전시키는 효과가 있다.

• 외과적 요법

면포 압출기로 면포를 압출하거나 농포 및 낭종의 절개로 빠른 치료를 할 수 있고 반흔을 남기지 않는다.

• 부신피질 호르몬의 병변 내 주사

트리암시놀론아세토나이드(triamcinolone acetonide) 현탁액을 여드름 병변 내 주입하여 농포 및 결절의 크기를 줄일 수 있다. 피부 위축이 발생할 수 있으나 6~12개월 후에 복귀된다.

② 전신요법

• 항생제

중증도와 중증 상태의 여드름 치료에 사용되며 가장 널리 쓰이는 경구 치료제이다.

항생제는 항균 작용 및 항염증 효과가 있으며 종류는 테트라사이클린(tetracycline) 계열 약물이 주로 사용되는데 이는 저렴하면서도 안전한 약제이기 때문이다.

• 부신피질 호르몬제

심한 낭종성 여드름이나 응괴성 여드름에 부신피질 호르몬제를 적용하면 항염작용이 뛰어나나 부작용을 고려하여야 한다.

• 레티노이드(Retinoid)

여드름 발생 요인을 한꺼번에 억제할 수 있는 여드름 치료제로, 직접적으로 피지 생성과 모낭 상피 세포의 이상 각화를 교정할 뿐 아니라 항염 작용 및 *P.acnes*의 성장을 줄여준다.

원래 중증 여드름에 사용되지만 반흔이나 일반적 치료에 잘 반응하지 않거나 자주 재발되는 경우, 지루가 심한 환자에게 사용된다.

용량은 0.5~1.0mg/kg/day이다. 특히 주의점은 기형아 유발 가능성이 있으므로 가임기 여성에게 특히 주의를 요하며 투약 중단 후 1년 뒤에 임신해야 한다.

(2) 응괴성 여드름(Acne conglobata)

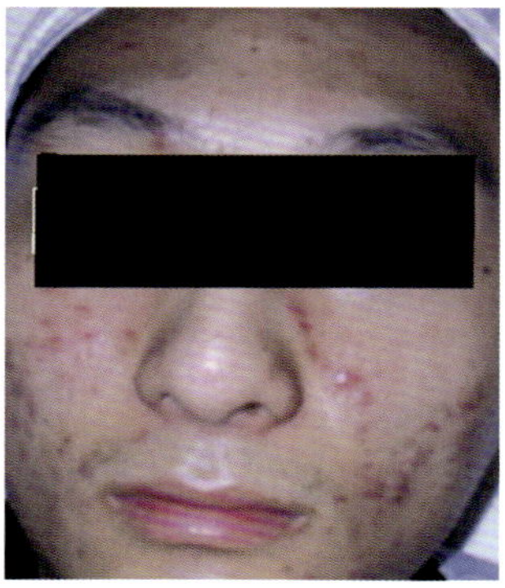

[그림 11-13] 응괴성 여드름

아주 심한 상태의 여드름으로 거의 대부분이 10대 후반 이후의 젊은 성인 남자에서 발생하여 40~50세까지 지속된다. 염증성 여드름 병변과 함께 박테리아 세균의 피부 감염이 심한 형태로 이 경우는 여드름의 전형적인 발생 부위인 얼굴 외에 주로 등이나 가슴, 엉덩이 어깨, 목 뒤 등에 발생하며 치료가 무척 어려운 경우가 많고 때때로 외과적 수술을 요하기도 한다.

여드름의 형태는 면포, 특히 개방 면포가 여러 개 서로 뭉친 형태, 서로 열결된 큰 농양, 점액성 체액을 함유하고 있는 낭종, 그리고 결절들이 모여 집단 형성을 특징으로 하며, 짜도 잘 나오지 않고 건드리면 심한 통증을 야기한다. 또한, 병변이 치유된 후 위축성 혹은 켈로이드성 반흔 및 색소침착을 남긴다.

치료법은 피부과에서 아이소트레티노인(isotretinoin)을 4~6개월간 투여한다. 혹은 항생제를 함께 투여하거나 부신피질 호르몬을 단기간 경구 투여하기도 한다. 여드름 부위를 메스로 절개하고 그 안의 고름을 짜내기도 하며, 여드름 부위에 스테로이드 주사를 놓기도 한다.

(3) 켈로이드성 여드름

켈로이드란 피부에 났던 상처가 치료되면서 피부 속에서 섬유 성분인 콜라겐 섬유가 보통 사람보다 더 많이 증식함으로써 상처받았던 피부가 더 크고 붉게 튀어 올라오는 것을 말한다. 주로 턱밑, 가슴, 어깨 등에 있던 여드름에 많이 생긴다.

치료는 트리암시놀론아세토나이드(triamcinolone acetonide)의 병변 내 주사로 치료한다.

(4) 월경 전 여드름

월경 전 여드름은 주로 입 둘레에 잘 생기고, 일반적인 여드름과 달리 아플 때가 있으며, 배란일을 즈음해서 나빠지기 시작하여 생리가 끝나면 좋아진다.

이는 주요 황체 호르몬의 일종인 프로게스테론이 요인으로 프로게스테론은 피지 분비를 촉진시키는데, 생리 전 2주일째부터 생리 3~4일 전까지 가장 활발하게 활동한다.

이 시기에 피지 분비가 늘어나기 때문에 피부 청결 및 스트레스 완화에 신경을 써야 여드름 발생을 예방할 수 있다.

또한, 월경 전 여드름이 자주 생기던 사람은 임신 중에도 여드름이 심해지는 경향이 있다. 왜냐하면 임신 중에는 임신 유지를 위해 난소에서 프로게스테론이 많이 분비되기 때문이다.

(5) 약물 유발성 여드름

약물 투여 후에 발생하는 모낭염으로 통상 많은 약물들이 여드름을 유발시키거나 악화시킬수 있다. 그 종류에는 각종 호르몬과 스테로이드, 항간질 약물, 항결핵 약물 등이 있다.

스테로이트 투여 후 2주 이내에 발생하며 주로 체간, 어깨, 상지에 주로 생기며 면포가 보이지 않는다.

치료는 원인 약물을 중단하고, 여드름에 해당하는 치료를 실시한다.

8. 주사(Rosacea)

1) 주사의 정의

주사는 얼굴의 중심부에 발생하는 만성적인 혈관 확장의 피부질환으로 지속적인 홍반과 구진, 농포 및 모세혈관 확장이 특징으로 비류가 발생하기도 한다.

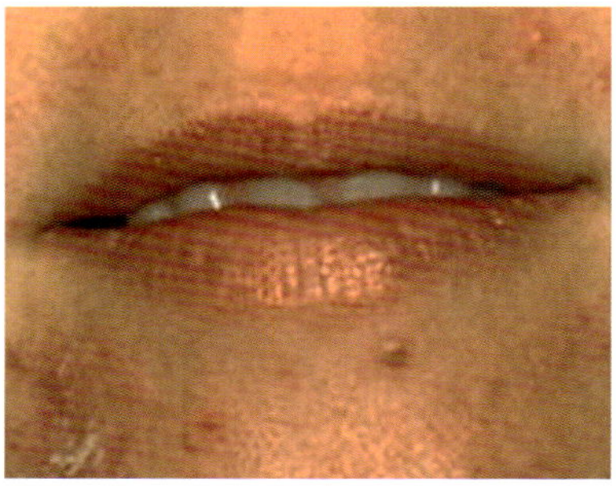

[그림 11-14] 응괴성 여드름

원인은 확실하지는 않지만 여러 가지 요인들이 생각된다. 유전적 소인, 내분비 이상, 위장질환, 비타민 결핍, 카페인의 과용, 음주, 모낭충 등이 있다.

이들 중 가장 중요한 원인은 온도 차이이다. 혈관은 온도에 의해 수축과 이완을 하는데 외부온도가 높으면 혈관이 이완되고, 외부 온도가 낮으면 혈관이 수축된다.

혈관이 약해진 사람이 사우나나 찜질방 등에서 외부온도 차이가 심하게 나는 곳을 지나치게 반복하며 이동할 시에는 혈관확장증이 생길 수 있다. 즉 급격한 온도 차이가 나는 곳을 반복하며 이동할 시에는 혈관은 탄력성을 잃어 늘어져 이완되거나 혹은 약해진 혈관들을 통해 지나친 자극으로 혈액이 급격히 증가할 경우에는 혈관들이 파괴될 수 있다.

추위, 더위, 바람, 자외선, 냉난방 시설들이 모두 피부에 자극을 줄 수 있으며 이러한 자극들로 혈액이 증가되어 피부는 붉어지게 된다.

2) 증상

주사는 남녀 모두 10대 이후 모든 연령에서 볼 수 있으나 30~50대에 가장 흔하다. 발병 초기에는 얼굴 홍조만이 간혹 나타나다가 다른 여러 가지 자극 요인인 자외선, 열, 추위, 화장품이나 필링 등의 화학적 자극, 스트레스, 술 등에 의해 자극된다. 시간이 지나면서 홍조는 더욱 심해져 지속적인 홍반으로 되고 모세혈관 확장까지 생기게 된다.

더욱 심해지면 피부 표면 지방이 증가하고 염증성 구진과 농포가 얼굴 중심에 나타나며 심할 경우는 비류도 나타날 수 있다.

주사의 합병증으로 각막염, 홍채염, 결막염 등의 안 병변이 동반될 수 있다. 여드름과의 차이점은 주사는 홍반과 혈관 확장이 주증상이고 면포가 없으며 피부 병변이 얽혀 중심에 국한되어 나타난다는 것이다.

3) 치료

치료는 쉽지 않으며, 홍조와 혈관 확장을 일으키는 한랭, 열, 과도한 일광 등의 노출을 최소화, 음주, 흡연, 뜨겁거나 매운 음식을 피해야 한다.

여드름 모양 발진은 항생제의 국소 도포나 구강 투여, 이소트레티노인(isotretinoin)의 경구 투여 등 및 부신피질 호르몬제의 국소 도포 방법이 있다.

주사는 자연 치유되지 않으며 점점 심해진다. 피부 관리 시 염증을 완화시키는 진정 관리를 한 후 염증이 완화되면 보습을 중점적으로 관리한다.

9. 비류(Rhinophyma)

오랜 기간에 걸쳐 피지선과 결합 조직이 증식하여 코의 하반부의 충혈된 비후성 결정을 형성한다.

정확한 원인은 밝혀지지 않았으나 주사의 오랜 병력과 관련 있다. 40대 이후의 남자에게 발생되며 피지선의 수나 크기가 증가, 피지관이 확장되어 각질과 피지로 채워져 있다. 치료는 외과적 수술, 레이저 시술 등이 행해진다.

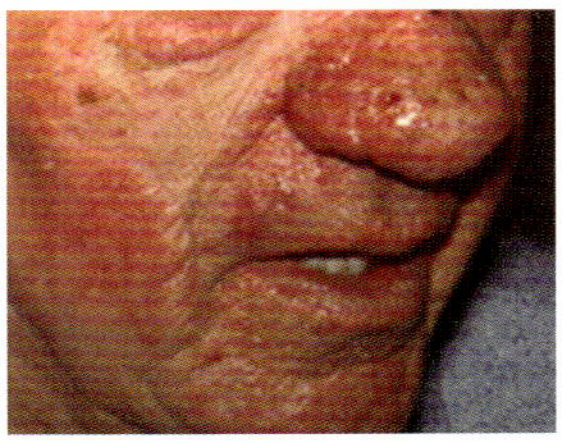

[그림 11-15] 비류

바이러스성 피부 질환

10 전염성 연속종(Molluscum contagiosum)

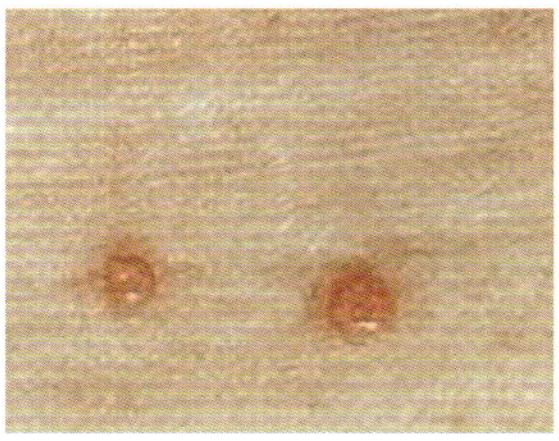
[그림 11-16] 전염성 연속종

전염성 연속종(molluscum contagiosum)은 바이러스에 의해 유발되며 인간에게 질병을 일으키는 바이러스 중 가장 크다.

성인보다 소아, 여아보다 남아의 발생률이 높으며 면역기능이 저하되어 있는 성인에게서 자주 생긴다. 3~6mm의 반구형 모양의 구진이 피부색 혹은 분홍색을 보이며, 전신 어느 곳에라도 발생하나 손바닥과 발바닥에는 발생하지 않는다.

세균 감염이 없으면 자연 치유되나 소양증과 소아들에게 전염 가능성이 있어 큐렛을 이용해 소파술을 시행하거나 레이저로 제거한다. 이때 유소아들의 경우 공포심 및 몽승을 호소하므로 정신적 안정감 제공도 중요하다.

11 단순포진(Herpes Simplex)

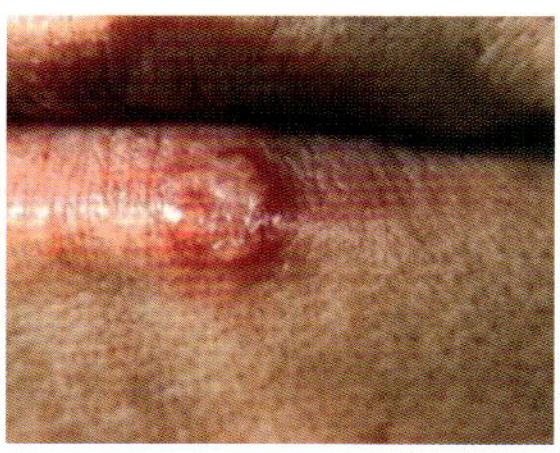
[그림 11-17] 단순포진

점막이나 피부에 생기는 급성 수포성 질환으로 단순 헤르페스 바이러스(Herpes simplex virus)에 의해 발생된다. 심한 스트레스를 받을 때마다 재발하며, 피부와 점막 경계 부위로 나와서 물집을 만든다.

호발 부위는 주로 얼굴과 손가락에서 나타나거나 둔부, 생식기 부위에도 생긴다. 첫 감염 시 염증이 거의 없는 작은 물집이 생기다가 두세 번 재발 후 염증이 심해지고 물집이 터지면서 궤양을 만들거나 굳은 딱지를 만든다.

점막 및 피부의 직접 접촉에 의해 감염되며 공기 전염은 없다. 연령, 부위에 따라 다양한 양상이 나타난다. 재발성 단순포진은 일광 노출, 피로, 감기, 발열성 질환, 월경, 스트레스, 화상, 수술이나 화학적 필링, 레이저 시술 후 발생한다.

치료는 다양한 항바이러스 제제를 사용하지만, 아직 중추 신경계로부터 확실히 제거할만한 것은 없다. 흔히 항바이러스제(acycolvir)를 사용하며 정맥주사, 경구 및 국소 투여의 방법으로 사용되지만 재발을 막지는 못하는 것으로 보아 잠재성 감염에는 효과가 없는 것으로 보인다.

• 카포시 수두양 발진(Kaposi's varicelliform eruption)

입술의 단순포진 같은 부분적인 바이러스가 얼굴 전체에 심하게 퍼지는 경우로 아토피 피부염, 지루성 피부염 등의 먼저 발생된 질환이 있는 사람에게 생긴다. 발열, 전신 증상 및 2차 감염, 전신 감염이 일어날 수도 있다.

12. 대상포진(Herpes Zoster)

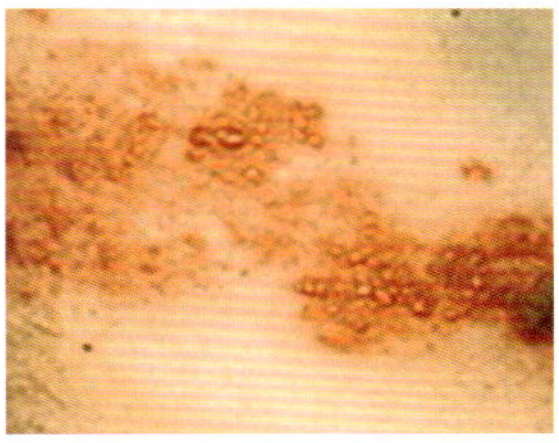
[그림 11-18] 대상포진

바이러스성 피부질환의 일종으로 몸통에 생긴 띠 모양의 수포성 피부 발진을 의미하며, 수두에 걸렸던 사람은 누구나 대상포진이 생길 수 있다.

즉 수두를 앓은 후 이 바이러스는 지각 신경절에 숨어 있다가 신체 저항력이 약해지는 경우에 갑자기 증식을 하여 신경과 그 신경이 분포하는 피부에까지 따라 내려가 염증이 생기게 된다(그림 11-19). 피부 병변은 홍반 위에 수포가 터지며, 사흘 후에 수포가 마르거나 터지며 1~2주 후 딱지가 앉는다.

대상포진에 걸리면 처음에 몸의 한쪽 부위에 심한 통증이 나타난다. 갑자기 통증이 오며 시간차를 두고 불규칙하게 칼로 찌르거나 전기가 통하듯이 아프기 때문에 특히 참기 힘들다. 이런 통증 상태로 며칠이 지나면 물집이 생기게 된다. 전신증상은 두통, 발열 등으로 국소 림프샘이 붓거나 아플 수 있다. 피부질환은 80% 이상에게서 소양증이 문제가 되며, 때로는 증상이 가벼워서 약간 가려우면서 따끔따끔하기만 할 때도 있다. 병을 일으키는 요인은 육체적, 정신적 과로 혹은 방사선, 항암제 등의 치료를 받아 면역 기능이 저하될 때 등이다. 전 연령대에서 발생할 수 있지만 대부분 노인들에게서 발생한다.

대상포진의 합병증으로 포진 후 신경통이 가장 많이 발생하며, 일상생활이 힘들 정도로 지속적인 통증이 있으며 그로 인해 우울감, 식욕이나 성욕의 부진, 불면증 및 심한 경우 자살까지 초래할 정도로 그 영향이 크다.

대상포진의 치료는 통증의 억제, 바이러스 확산과 이차 세균 감염을 억제하고 포진 후 통증과 같은 합병증 예방 및 최소화를 시키는 것이 목표이다.

항바이러스제를 수포 발생 후 72시간 내 투여하면 피부 병변의 치료를 촉진시키고 통증 발생 기간을 줄이며 포진 후 통증의 발생 빈도를 줄일 수 있다.

통상 항바이러스제(acycolvir)를 사용하나 50세 이상의 노인이나 면역 억제된 상태의 환자의 경우 필수적으로 정맥 투여하여야 한다.

13 사마귀(Wart, Verruca)

파필로마 바이러스(*Papilloma virus*)에 의해 피부감염으로 발생되며 손, 발, 다리같이 노출 부위 및 성기에 잘 발생하며 전염성이 있어 직·간접적인 원인으로 전염되며 손에서 발과 같이 자가 감염이 생기기도 한다.

사마귀에는 여러 종류가 있으며 심상성 사마귀, 편평 사마귀, 수장, 족저 사마귀, 성기 사마귀가 있다.

먼저 심상성 사마귀는 가장 흔히 볼수 있는 표면이 거칠고 콩알만 한 구진이 손등, 손톱 주위, 입술, 귀, 코 등에도 잘 발생된다. 보통 어린이 시기에 잘 생기다 어른이 되면 빈도나 개수가 줄어든다.

편평 사마귀는 표면이 편편하고 정상 피부보다 조금 융기되어 있으며 둥글거나 서로 융합되어 있기도 하다. 어린이, 청소년 시기에 잘 생기며 이마, 턱, 코, 입 주위에 잘 생긴다. 수장, 족저 사마귀는 손, 발바닥에 생긴 것을 일컫고, 발바닥에 발생했을 때는 체중으로 표면이 눌려 티눈과 같이 피부 안으로 파고들어 가 환자는 통증을 호소한다.

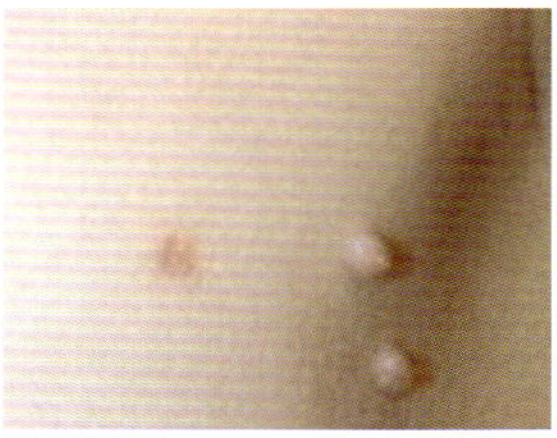

[그림 11-19] 사마귀

티눈과 혼동되기도 하는데 차이점은 사마귀 자체를 손으로 잡을 때가 누를 때보다 더 통증이 심하며, 표면의 각질층을 깎아내면 혈관계로 인해 중앙부에 혈관이 관찰되거나 점상 출혈이 관찰되기도 한다.

치료법은 사마귀의 위치, 크기, 숫자, 환자의 나이, 성별 등에 따라 선택하며, 전기 소작법, 액체 질소를 사용한 냉동요법, 산(acid)을 사용, CO_2 레이저, 5-FU, DNCMB 감작법 등의 방법이 있다.

기계적 손상

14 굳은살(Callus)

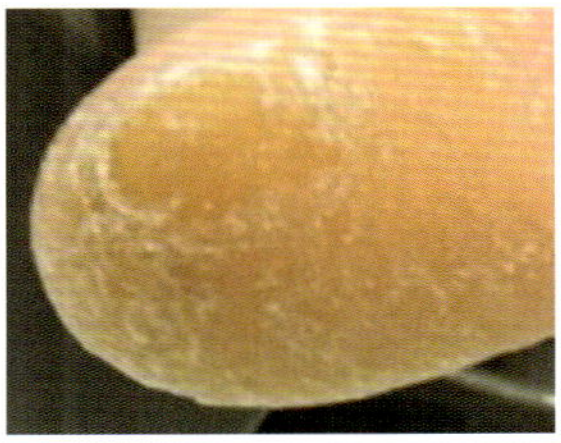

[그림 11-20] 굳은살

굳은살은 지속적인 피부의 압력이나 마찰로 인해 피부의 일부가 두꺼워지고 단단해지는 국한성 과각화증으로 손바닥, 발바닥과 같은 관절의 돌출부에 잘 발생한다.

굳은살은 티눈에 비해 크기가 크고 통증이 없는 경우가 많으며 관통하는 중심핵이 없다. 치료는 피부에 가해지던 원인인 압력이나 마찰이 제거되면 자연적으로 좋아진다.

발바닥에 생긴 통증성 굳은살의 경우 발에 맞는 편안한 신발을 신거나 패드 등을 통해 압력이 가해지는 것을 줄이는 것이 도움이 된다.

부분적으로 피부 각질을 용해시켜 주는 각질 용해제인 살리실산(salicylic acid)이나 젖산(lactic acid) 도포제, 티눈고 등을 사용하여 각질이 연해지면 병변을 깎아낸다.

15. 티눈(Corn)

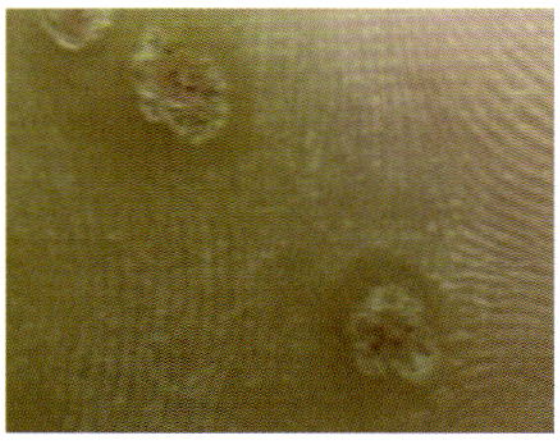

[그림 11-21] 티눈

피부가 자극을 지속적으로 받아 작은 범위의 각질이 증식되어 원뿔 모양으로 피부 안쪽으로 향해 박혀 있어 주변 조직에 압력을 가한다. 따라서 위에서 누르면 아픈 특징이 있고, 티눈을 깎았을 때 중심 핵이 보인다.

딱딱한 정도 차에 의해 경성, 연성 티눈으로 나뉘며 경성은 손과 발바닥에 잘 생기며, 윤이 나고 상층부를 깎으면 중심핵이 나타나며, 이것은 통증을 유발한다. 반면 연성 티눈은 부드러우며 4~5번째 발가락 사이에 발생하며, 생기는 위치가 땀이 잘 나는 부위라 수분을 많이 함유하고 있어 희게 보인다.

발바닥의 티눈과 사마귀의 차이는 표면 각질을 깎았을 때 티눈은 중심핵이, 사마귀는 혈관이 나타난다.

치료는 원인인 마찰 및 압력이 소실되면 자연히 사라지고, 살리실산이나 디클로로 초산으로 조심히 자주 사용하면 효과가 있다.

색소 이상증

16. 백반증(Vitiligo)

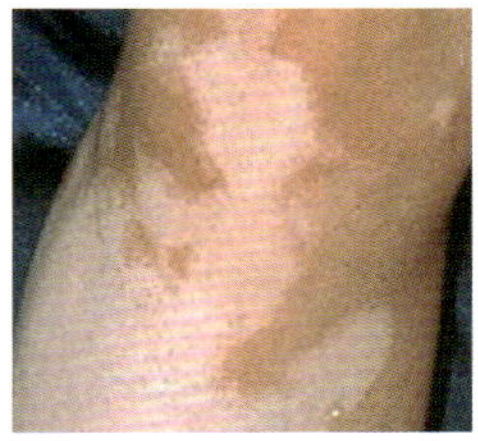
[그림 11-22] 백반증

인구의 약 0.5%~2%에서 나타나며 인종이나 지역 차이 없이 흔하게 발생되는 질환으로 멜라닌세포가 소실되어 생기는 저색소침착증이다.

발생 연령은 10~30세 사이가 흔하며 다양한 크기의 원형이나 불규칙한 형태의 탈색된 반으로 나타난다.

피부의 어디에나 나타날 수 있으나 손가락, 발가락, 무릎 등의 뼈가 돌출된 부위, 입, 눈, 코 주변 등에 나타난다.

완전한 치료법은 아직 없으며 질환 부위에 자외선 차단제를 사용에 일광에 대한 손상을 방지하며 광화학 요법이나 국소 스테로이드제제 박피술, 피부 및 자가 멜라닌세포 이식 등의 외과 치료 등이 있다.

또한, 미용상 문제 부위는 컨실러 등의 메이크업 제품으로 병변 부위를 감추도록 한다.

17. 기미(Melasma, Chloasma)

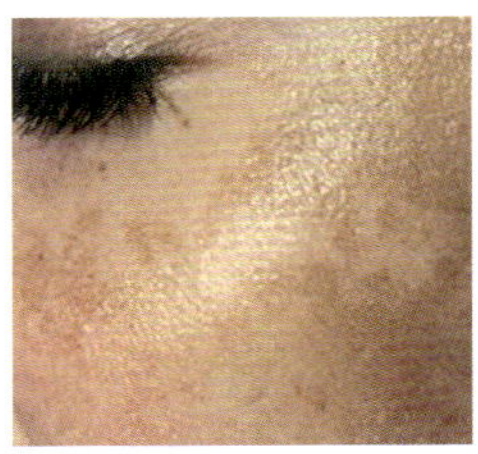
[그림 11-23] 기미

태양광선의 노출 부위인 얼굴, 이마, 뺨 등에 잘 생기며 갈색의 색소 판의 다양한 크기로 발생하거나 임신, 경구 피임약에 의해 악화되기도 하는 과색소침착증이다.

기미는 호르몬이나 빛에 의한 자극으로 인한 멜라닌세포의 과기능화로 인해 발생하므로 태양광선에 대한 노출이 가장 심한 여름에 악화되며, 겨울에는 호전된다.

여성의 경우 임신 기간에 나타나며 경구 피임약, 유전인자, 약물에 의해 나타난다.

기미의 가장 흔한 양상은 얼굴 중심형으로 뺨, 이마, 코, 턱 등에 나타나거나 뺨과 코에 나타나는 형, 아래턱에 생기는 형이 있다.

색소침착은 표피에 발생하면 갈색으로, 진피의 경우는 청회색, 혹은 동양인에게 흔한 혼합형의 갈회색으로 나타난다.

치료의 필수사항은 기본적으로 태양광선의 차단제, 기미 치료제이다. 차단제는 SPF 30 이상인 제품을 사용하며, 기미 치료제는 2, 4% hydroquinone 크림을 국소 도포하는데 최소 2개월에서 6개월 이상의 치료 기간을 필요로 한다. 화학 박피술이나 레이저 등은 일시적인 효과는 좋으나 부작용이 발생할 수 있다.

18. 주근깨(Freckle)

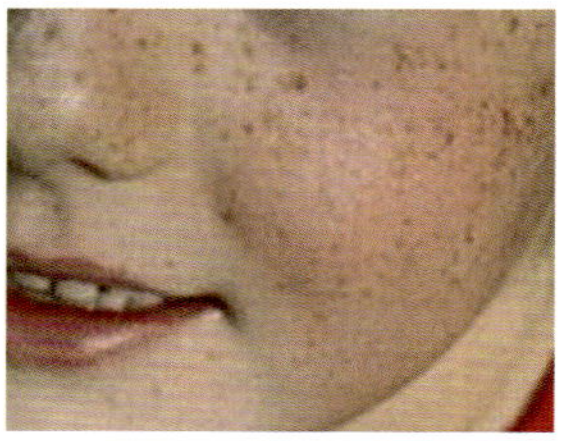

[그림 11-24] 주근깨

표피의 멜라닌세포성 병변으로 일광 노출 부위에 주로 생기는 밝은 갈색의 작은 색소성 반점으로 얼굴, 팔뚝, 다리에 잘 발생된다. 멜라닌세포에서 멜라닌 분비가 증가하여 생기며, 금발이나 붉은색 머리칼을 지닌 백인종이 동양인보다 흔하다.

출생 당시는 없다가 5세 이후에 나타나며, 크기는 5~6mm 이하로 둥글거나 타원형 모양으로 주위의 정상 피부와는 명확히 구분된다.

주근깨는 멜라닌세포 수가 증가되어 있지 않으나 멜라닌세포 수가 더 크며 성숙된 멜라닌 소체들이 있다. 사춘기를 즈음하여 최대수에 이르렀다가 나이가 들면서 감소하기도 하며, 다양한 형태의 흑자와 혼동될 수도 있다. 미용적인 치료로 박피술과 색소성 레이저 시술이 시행되지만 재발되기도 한다.

19. 흑자(Lentigines)

1) 단순 흑자(Lentigo Simplex)

갈색이나 검은색의 둥근 반점의 경계가 명확하고 한 개 또는 여러 개가 피부에 생기며, 크기는 2~3mm 정도가 보통이다(그림 11-25). 소아기에 발생하여 성인기에 수가 늘어나기도 한다.

[그림 11-25] 흑자

2) 일광 흑자(Solar lentigo)

햇볕에 오래 노출된 부위에 검은색의 색소성 반점이 불규칙하게 발생되며, 호발 부위는 얼굴과 손등으로 노인성 흑자라고 불리기도 한다.

치료는 미용적인 목적에서 시행되며 냉동요법이나 색소성 레이저를 사용한다. 자외선 차단제를 사용하여 일광 노출에 대비한다.

20. 밀크커피 반점(cafe au lait macules)

2~20mm의 경계가 불분명한 색소성 반점으로 밀크커피색의 색깔이다(그림 11-26).

인구의 10% 정도가 갖고 있는 흔한 색소성 반점으로 출생 직전 혹은 출생 시 갖고 태어나 나이가 들면서 소실된다. 치료로는 미용적 목적인 색소 레이저가 시도되고 있다.

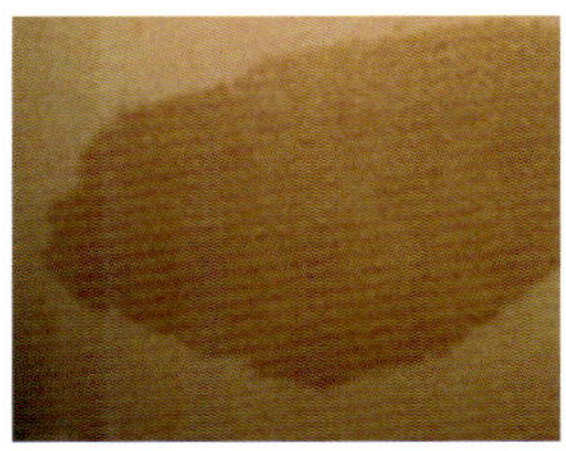

[그림 11-26] 밀크커피 반점

21. 몽고반(Mongolian spot)

[그림 11-27] 몽고반

진피 멜라닌세포 중 가장 흔하며 출생 시부터 존재한다. 대부분 엉덩이 부위에 발생되나 옆구리나 어깨 부위에도 생길 수 있다. 동양인과 흑인에 흔하며 반점은 7세경에 이르면 대부분이 소실된다(그림 11-27).

22. 오타 모반(Nevus of ota)

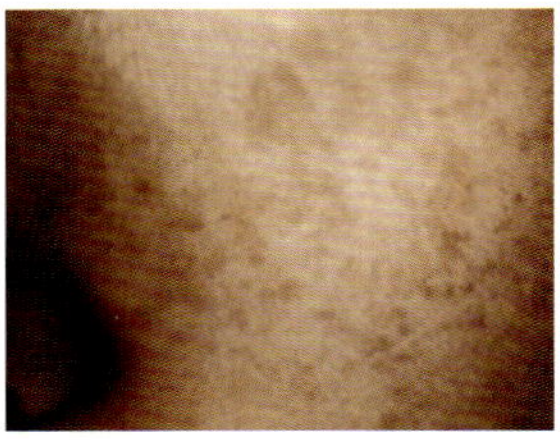

[그림 11-28] 오타 모반

한국, 일본 등의 동양인에게 많은 질환으로 삼차신경이 분포하는 눈 주변의 피부와 공막에 청색의 반이 나타난다. 출생 시 혹은 한 살 이내에 생기거나 10세 이후에 발생하는데 소아기를 지나며 색깔이 짙어지고 넓어진다.

피부 병변은 갈색, 흑청색의 반점이 섞여 있으며 대부분 일측성으로 눈 주위, 관자놀이, 이마, 광대뼈 부위, 코, 눈이나 공막, 결막, 각막에도 생길 수 있다(그림 11-28).

평생 지속되며 치료는 컨실러 같은 특수 메이크업 제품으로 모반을 가리거나 색소 레이저로 치료한다.

기타

24. 켈로이드와 비후성 반흔(keloid and Hyper trophic scar)

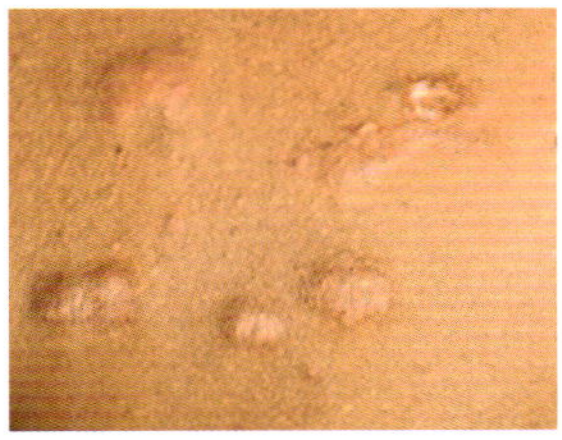

[그림 11-29] 켈로이드

켈로이드는 외상의 경계를 넘어서 발생된 위로 솟아난 반흔이고, 비후성 반흔은 상처 경계에서 발생되는 위로 솟아난 반흔이다.

정확한 원인은 알려지지 않았으나, 발생 부위의 장력이 커져 섬유아세포에서 필요 이상의 교원섬유를 분비해 반흔이 생긴다.

비후성 반흔은 단단하고 반질한 표면을 가지며 18개월에서 2년에 걸쳐 서서히 편평해지며 사라지나 켈로이드는 원래 부위보다 더 넓게 커지며, 시간이 지나면서 갈색으로 변하고 딱딱해지며 소양증도 생길 수 있다. 켈로이드는 흔히 흉골 부위에 많이 발생하며 등 위, 어깨, 귀에도 발생한다. 치료 방법은 압박 복장을 이용해 반흔이 더 커지는 것을 방지하는 압박치료법이 있다. 그리고 가장 흔한 치료법인 병변 내 스테로이드를 주입하는 방법이 있는데, 이것은 교원섬유 생성을 억제하고 반흔의 양과 염증을 감소시킨다. 트리암시놀론 용액을 약 2주 간격으로 단독 사용하거나 냉동요법, 외과적 절제술과 같이 사용한다. 지속적으로 시행하면 병변이 편평해지나 병소가 작아지지는 않는다.

25. 팽창선조 혹은 튼살(striae distensae)

[그림 11-30] 튼살

팽창선조의 초기는 붉은색을 띠며 진피가 소실되어 줄 잡힌 표피가 피부를 덮고 있다. 이 붉은 주름은 시간이 지나면서 흰색을 띠게 된다.

튼살은 편평하며 이 부위의 체모, 피지선, 땀샘이 사

라지게 된다.

신체의 여러 곳에서 관찰되며 가슴, 허벅지, 복부에서 특히 잘 발생된다.

발생 원인은 명확하지 확실히 알려져 있지 않다. 주로 임신, 갑작스런 체중 증가로 인해 표피가 과도하게 팽창되면 발생될 수 있다.

26. 모공 각화증(Keratosis Pilaris)

[그림 11-31] 모공 각화증

2세 전후에 시작해 성인이 되면 소실되는 유전성 질환으로, 모낭 입구에 박힌 각질전(horny plug)으로 피부가 닭살 모양으로 나타난다.

거칠고 작은 원추형 구진이 팔, 허벅지, 어깨 등의 외측부에 나타나며, 피부가 건조하거나 아토피 피부염을 가진 사람에게서 흔하게 볼 수 있다. 치료법으로는 각질 용해제 등을 사용한 국소요법과 비타민 A, E를 전신 투여하는 방법이 있다.

27. 한선(Miliaria)

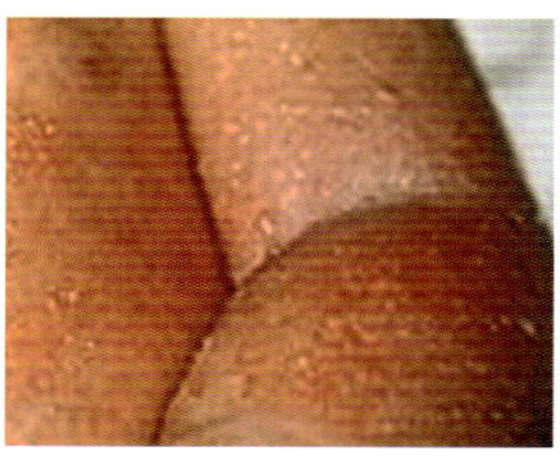

[그림 11-32] 한선

땀띠라고 불리며 땀이 표피로 나가는 동안 한관이나 환관구 중 일부가 막혀 땀이 배출되지 못하여 발생하며 고온다습한 곳에서 생긴다.

작은 발진과 물집이 발생하는 질환이다. 폐쇄된 땀관의 위치에 따라 수정양 한진(miliaria crystallina), 홍색 한진(miliaria rubra), 심재성 한진(miliaria profunda)으로 구분한다.

얼굴, 목, 가슴, 겨드랑이 부위에 잘 생기며, 가렵거나 따가울 수 있어 긁어 생기는 2차 감염을 주의해야 한다.

치료는 환자를 시원하게 하여 땀이 더는 발생되지 않게 하며, 가려울 경우 항히스타민제를 사용하며, 땀을 흘린 즉시 씻어준다.

친수 연고나 무수 라놀린, 타르 분말 등이 도움이 된다.

28. 두드러기(Urticaria)

흔히 주변에서 볼 수 있으며 일시적으로 피부가 붉거나 희게 부풀면서 극심한 소양증 동반을 특징으로 하는 피부질환으로 벌레에 물린 것처럼 피부가 부푸는 현상이 두드러기에서는 다양하고 붉은색으로 나타난다.

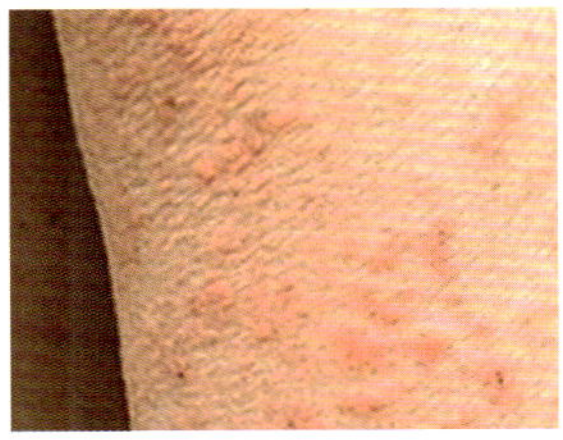

[그림 11-33] 두드러기

다양한 원인에 따른 증상으로 어지러움, 호흡곤란, 혀 및 얼굴에 부종이 발생할 수도 있다. 보통 기간에 따라 급성과 만성 두드러기로 구분되며, 급성 두드러기는 대개 음식물이나 약물에 의해 발생되며 수일에서 수주간 지속되다 완전히 사라지며, 6~8주 이상 지속적으로 나타나는 경우를 만성 두드러기라 한다.

- 급성 두드러기- 곤충자상, 약물, 음식물 알레르기 등의 원인 또는 원인이 불분명하다.
- 만성 두드러기- 매일 지속되거나 불규칙하게 발생하기도 하며 원인을 찾기가 어렵다.

원인과 기전은 불명확하나 음식물, 흡입제 등의 다양한 항원에 따라 발생하는 알레르기성부터 압박, 진동, 일광, 찬 온도나 음식, 온도 변화, 운동, 물 등의 물리적 자극, 약제, 식품 및 식품 첨가제, 임신 등 다양하다.

만성 두드러기의 경우 팽진이 없기도 하며, 물리적 두드러기의 경우 다양한 물리적 검사를 시행한다. 피부 묘기증의 경우 손톱 및 설압자를 사용해 피부를 긁어 부풀어 오르는 것을 관찰하며, 한랭 두드러기의 경우 얼음조각을 5분간 팔에 얹어 놓았다가 팽진과 홍반을 관찰한다.

콜린성 두드러기는 땀이 날 정도로 운동을 시키거나 더운 탕에 몸을 담군 후에 관찰하는 등의 방법이 있다. 치료는 원인을 밝혀 제거하거나 피하는 것이 가장 중요하지만 많은 경우 원인을 밝히지 못해 상황에 따른 대증요법을 시행한다.

약물로는 항히스타민제를 가장 많이 사용하며, 심한 경우는 정해진 기간 내의 부신피질 호르몬제를 사용한다.

29. 건선(psoriasis)

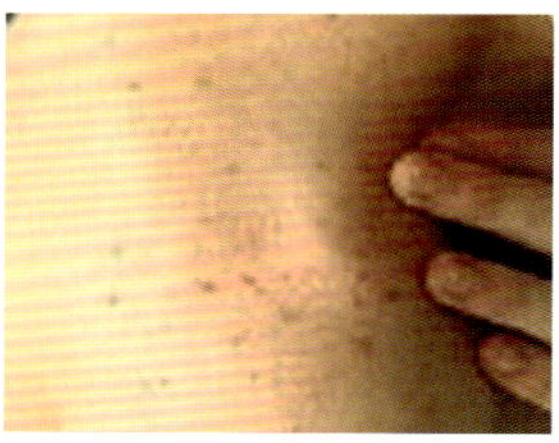
[그림 11-34] 건선

은백색의 인설을 특징으로 하는 경계가 명확하고 크기가 다양한 붉은색의 구진이나 판이 전신에 반복적으로 발생하는 만성 피부질환이다.

남녀 간의 발생 차이는 없으나 20대, 10대, 30대 순으로 잘 생긴다.

원인은 확실히 알려진 바 없으나 유전적 요인, 피부자극, 상기도 염증 등이 건선을 일으키거나 악화시키는 요인으로 알려져 있다. 그리고 악화 요인으로는 피부 외상, 감염, 기후, 건조 피부, 스트레스, 약물이 있다.

각질 세포의 과다 증식과 염증을 특징으로 피부세포가 빠르게 자라 인설이 겹겹이 쌓이게 된다. 좁쌀 발진으로 처음 형성되어 인설이 나타나고 주변 발진들과 서로 뭉치면서 주위로 퍼진다. 피부는 두꺼워지고 가려움증은 심하지 않다.

치료는 여러 방법들이 시도되고 있는데, 국소 치료로는 스테로이드, 타르(tar), 비타민 D 유도체, 피부 연화제 등과 그 외 다양한 광선 치료, 약을 먹는 전신 치료, 복합 치료, 면역 치료 등이 있다.

아토피 피부염이나 기타 습진처럼 건선 피부 역시 문지르거나 자극을 주면 악화되므로 건선 환자는 이러한 피부 자극이나 상처를 받는 것을 삼가야 한다.

예를 들면, 각질을 억지로 떼거나 때를 미는 행위는 금해야 하며, 또한 소양증으로 피부를 긁으면 건선의 악화로 이어지므로 피해야 한다.

정신적 긴장 및 스트레스를 피하고, 일단은 피부질환이므로 기본적인 습진 및 피부염 관리처럼 주의를 요한다.

피부를 건조하게 둘 경우 소양증을 유발하여 건선을 악화시킬 수 있으므로 수시로 보습제를 바르는데, 이때 피부 건조도에 따라 크림과 로션을 적절히 사용한다.

또한, 저자극성 세정제를 사용하여 피부를 보호하며, 목욕보다는 가벼운 샤워가 선호된다. 이때 지나치게 뜨거운 물 온도가 아닌 35℃ 정도의 미지근한 물로 피부의 자극을 최소화하며, 물에 불려진 반을 손이나 타월을 이용해 억지로 떼지 않도록 한다. 물기를 제거할 때는 순면 타월로 최소한의 물기만을 닦아내며 보습제는 3분 내에 발라야 한다.

30. 족부백선(tinea pedis)

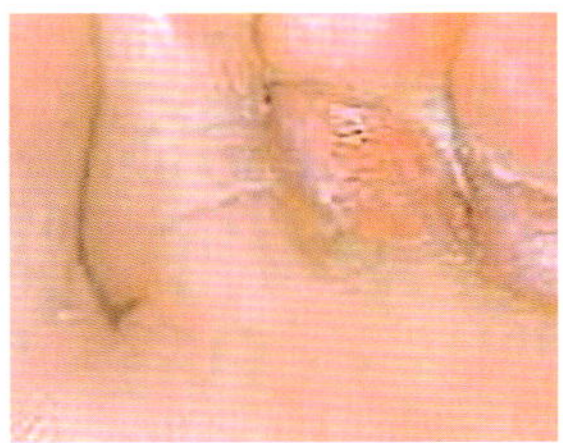

[그림 11-35] 족부 백선

Athlete's foot이라고도 불리며, 현재 우리나라에서 가장 많은 백선으로 성인 남자에게 제일 많이 생긴다.

원인균은 T.rubrum, T.mentagrophytes가 가장 많다. 진균이 각질층에 감염되어 생기는 질환으로, 무좀이라고 불리며 발바닥과 발가락 사이에 발생하며 목욕탕, 수영장, 찜질방 같이 사람이 많이 다니는 곳에서 족부백선을 가진 사람의 인설을 통해 발로 전염된다. 발바닥에 가려운 물집이 잡히거나 발바닥의 각질이 두꺼워지며 인설로 떨어진다.

지간형 특히 3, 4번째 사이나 4, 5번째 사이에 주로 생기는데 그 이유는 폐쇄되어 습기가 높은 곳이기 때문이다. 지간의 피부가 짓무르고 균열이 생기며 인설이 벗겨지며 악취와 소양증이 동반되며 손상된 피부를 통해 이차 감염이 발생할 수 있다.

치료는 항진균제를 사용하여 1일 2회 병변과 그 주위에 바른다. 치료 후에도 주변 물품에 남아 있던 진균에 의해 재발되며 재발률은 시간이 지날수록 높아진다.

치료 후에는 발을 깨끗하게 씻고 통풍을 잘 시켜 지간까지 건조시키며 통풍이 잘 되는 편한 신발을 신는다. 치료 후 낡은 신발이나 타인의 신발은 피한다.

31. 액취증(osmidrosis axillae, bromhidrosis)

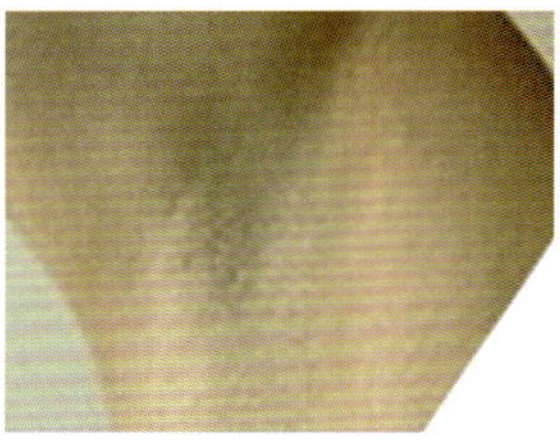

[그림 11-36] 액취증

한선의 질환으로 주로 아포크린 한선의 혐기성 디프테리아가 작용하여 지방산을 만드는데 이것이 악취가 나게 한다.

아포크린선은 겨드랑이에 주로 위치하며 사춘기부터 분비를 시작하므로 주로 사춘기 이후에 발생한다.

모발과 의복에 묻어 있는 아포크린 분비물이 냄새를 지속시키며 젊은 성인에게서 잘 발생하며 여름철에 심하고 가족력을 보이며 유전 당뇨병이나 비만증이 있는 사람에서 발생하는 예가 많다. 대부분 사회생활에 지장을 받는다.

치료는 아포크린 한선의 발한을 줄여 냄새가 덜 나게 하며, 위생관리에 신경 써서 항균 비누로 자주 씻고 국소 항생제의 도포, 방향제 향수를 도포하며 겨드랑이의 털을 제거하는 것도 좋은 방법이다.

경미한 액취증은 위와 같은 국소적 치료를 위주로 하고, 심한 경우는 피부나 피하조직 절제법을 사용하거나 교감신경절 절제술을 시행한다.

모발 질환

32. 탈모(alopecia)

탈모는 모낭의 파괴가 아닌 모낭의 소형화가 진행되며, 탈모가 발생한 부위의 모낭은 휴지기 모발이 더 많아지고 성장기 기간은 감소한다.

탈모는 크게 두 가지로 나뉘는데, 흉터가 형성되지 않는 비반흔성 탈모와 흉터가 남는 반흔성 탈모가 있다.

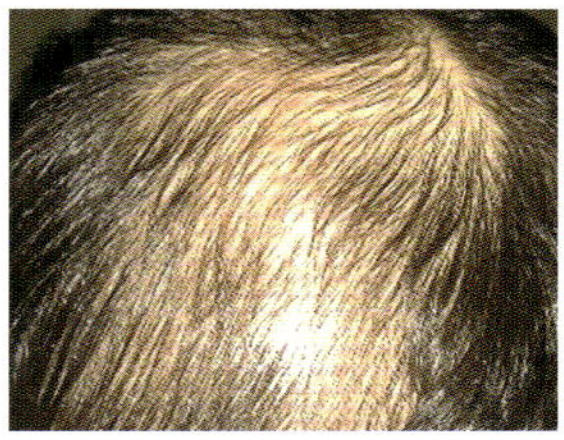

[그림 11-37] 탈모

- 비반흔성 탈모 : 유전성 남성형 탈모, 원형 탈모, 두부 백선, 휴지기 탈모, 발모벽, 모발 생성 장애 질환 등
- 반흔성 탈모 : 홍반성 루푸스로부터 기인한 탈모, 독발성 모낭염, 모공성 편평태선, 화상 및 외상에 의한 탈모 등

탈모증 중에서 흔한 것은 원형 탈모증과 남성형 탈모이고, 이들은 모두 비반흔성 탈모에 속한다.

33. 원형 탈모증(alopecia areata)

흔한 피부 질환으로 반상이나 원형 모양으로 모발이 갑자기 빠진다. 심한 경우 두피의 모발 전체가 빠지기도 하고 두피뿐 아니라 눈썹, 속눈썹, 음모, 체모가 빠질 수도 있다. 두피는 정상으로 보이나 환부는 급격한 모발의 탈락이 발생되며, 탈모가 진행되는 환부에서 색이 진하고 굵은 짧게 부러진 모발이 발견되는데 이

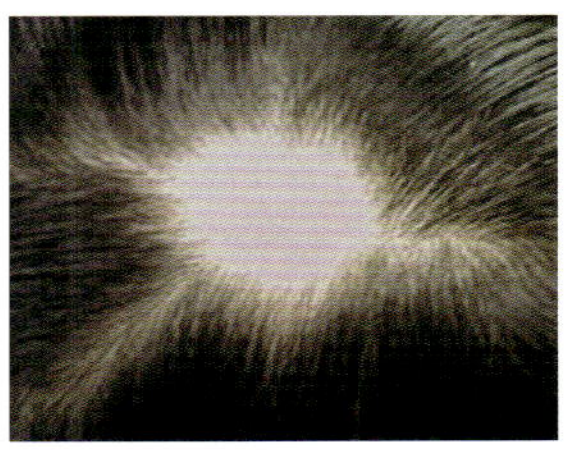

[그림 11-38] 원형 탈모

를 느낌표 부호 모발이라 한다.

원형 탈모증은 자가면역 질환으로 분류하고 있으나 원인은 불명확하며, 원형 탈모증 환자의 경우 다른 자가면역 질환도 의심해 봐야 한다.

치료는 염증 반응 억제를 목표로 하며 국소적 탈모반의 경우 4~6주 간격으로 스테로이드를 병변 내 주입한다. 국소 스테로이드제나 미녹시딜 같은 바르는 약도 사용하며, 약물의 효과는 수주 후에 보여지나 모발의 성장이 시작되는데 수개월이 소요된다. 저절로 회복되기도 하나 전신 탈모나 전체 탈모의 경우는 자연 회복은 힘들다.

34. 안드로겐 탈모증(Androgenic Alopecia)

남성형 탈모증이라고도 불리며 남성 호르몬과 유전적 소인으로부터 기인한다.

남성과 여성 모두 약 50%에서 발생하며 통상 연령의 증가와 함께 20~30대 부터 모발이 차츰 가늘어지다 40~50대에서 시작하지만 사춘기 이후부터 발병하는 경우도 있다.

남녀 모두 탈모는 통상 두정부에서 시작해 전두부로 진행하는데, 남성형 탈모는 헤어라인이 뒤로 밀리면서 양측 측두부로 M자 모양으로 이마가 넓어지며 머리 정수리 부위에도 탈모가 서서히 진행된다.

여성형 탈모는 남성형 탈모와 비교하여 안면두피 모발의 경계선은 잘 보존되는데, 즉 이마 위의 모발선이 잘 유지된다. 그리고 머리 중심부의 모발이 가늘어지고 머리숱이 적어지는 특징을 가진다. 탈모의 정도가 약하여 남성형 탈모처럼 완전한 탈모반이 되는 것은 흔치 않다.

치료법은 미녹시딜 2~5%를 국소 적용하는데 초기 반응은 6개월 이후, 최대 반응은 1년 후에나 나타나며 사용을 중지하면 다시 탈모가 진행된다. 안드로겐이 과다 생성되어 진행되는 여성형 탈모는 경구용 피임약, 전신적 항안드로겐제인 spironolactone, flutamide 등이 있다.

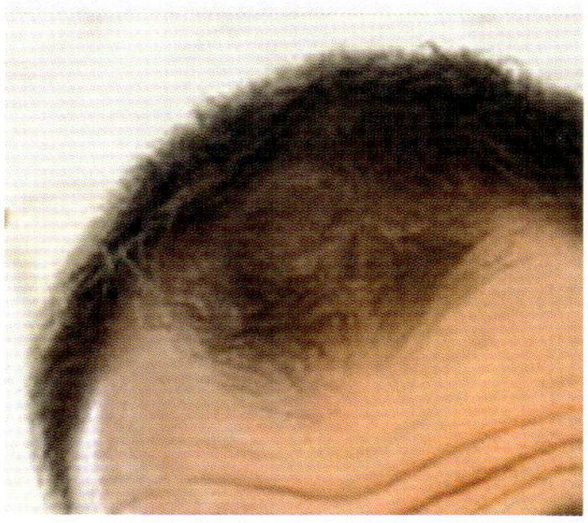

[그림 11-39] 남성형 탈모

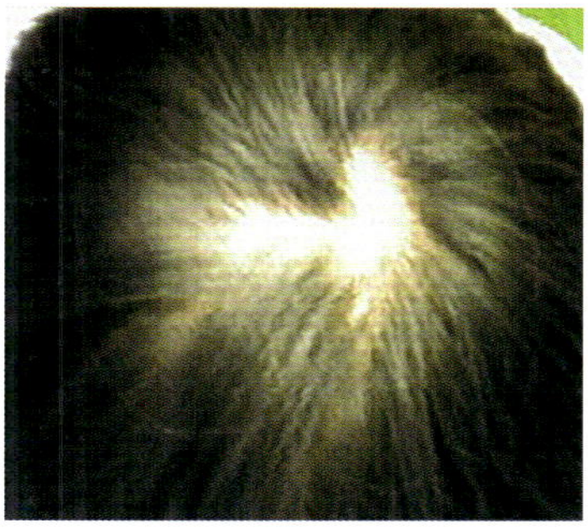

[그림 11-40] 여성형 탈모

남성 안드로겐 탈모증은 testosterone 농도를 감소시키지 않는 finastride를 사용하는데, 투여 환자 중 1년 후 약 50%, 2년 후 86%의 환자가 발모 증가를 보인다.

수술로는 후두부와 탈모가 진행되지 않은 부위의 모낭을 환부로 이식하는 모발 이식술이 있다.

남성형 탈모의 진행 속도는 개별차가 있으나 조기 연령에 시작되면 심하게 진행도는 경우가 많다. 그러나 전두 탈모증이나 전신 탈모증은 치료가 어려운 편이다.

부록 | Glossary

A

- Acid mantle(산성막) : 피부 가장 표면에서 분비되는 보호 지질로 두피 표면 pH는 4.8 정도로서 지방과 수성물질이 결합되어 있는 화합물을 산성막이라 하며, 이는 피부의 땀샘과 지방 샘에서 생성되며 이 분비물의 pH는 4.5~5.5를 유지시켜 피부와 두피가 최적의 상태로 유지시켜 주는 역할.
- Acne conglobata(응괴성 여드름) : 아주 심한 상태의 여드름으로 거의 대부분이 10대 후반 이후의 젊은 성인 남자에서 발생하여 40~50세까지 지속된다.
- Acne vulgaris(심상성 여드름) : 가장 흔한 보통 여드름을 말하는데, 가장 대표적인 증상이 면포이다. 여기에 염증이 진행되면 붉은색 알갱이들이 나타나는 구진, 더 곪아서 고름이 잡히는 농포, 아주 심하게 염증이 진행되어 콩알만 하게 변하는 결절 등 여러 모양의 여드름이 동시에 나타난다.
- acne(여드름) : 여드름(acne)은 점을 뜻하는 그리스어 akme에서 유래되어, 모피지낭에 생기는 만성적인 피부질환이다. 이러한 여드름은 면포, 구진, 농포, 낭종, 결절, 반흔 형성 등의 증상이 피지 분비가 많은 얼굴, 등, 어깨, 목에 주로 나타난다.
- Acquired immunity(후천성면역) : 동물체가 병원체(항원 또는 이물질)에 대항하여 특이 항체 분자나 특이 세포를 형성하여 이들 항원을 제거하는 특이적 방어를 말하며, 획득 면역이라고도 함.
- Adrenal hormone(부신 호르몬) : 부신에서 분비되는 스테로이드 호르몬을 총칭.
- Albutin(알부틴) : 피부 미백 성분으로 많이 알려져 있음. 티로시나제에 직접 작용으로 멜라닌 생성을 억제함. 월귤나무에서 추출한 천연 식물 성분으로 인체에 부작용이 없는 안정한 미백 성분으로 알려짐.
- Allergic contact dermatitis(알레르기성 접촉 피부염) : 정상인에게는 피부질환을 일으키지 않으나 특정 물질에 감작된 사람들에게는 피부염이 발생되는 것.
- alopecia areata(원형 탈모증) : 흔한 피부질환으로 반상이나 원형 모양으로 모발이 갑자기 빠진다. 심한 경우 두피의 모발 전체가 빠지기도 하고 두피뿐 아니라 눈썹, 속눈썹, 음모, 체모가 빠질 수도 있다.

- alopecia(탈모) : 탈모는 모낭의 파괴가 아닌 모낭의 소형화가 진행되며, 탈모가 발생한 부위의 모낭은 휴지기 모발이 더 많아지고 생장기 기간은 감소한다.
- Alpha hydroxy acid(알파하이드록시산) : 과일과 젖당에서 추출하는 유기산(有機酸).
- Amino acid(아미노산) : 한 분자 안에 아미노기와 카복시기를 가지는 유기화합물이다. 모든 생명현상을 관장하고 있는 단백질의 기본 구성단위.
- Androgenic Alopecia(안드로겐 탈모증) : 남성형 탈모증이라고도 불리며 남성 호르몬과 유전적 소인으로부터 기인한다. 남성과 여성 모두 약 50%에서 발생하며 통상 연령의 증가와 함께 20~30대부터 모발이 차츰 가늘어지다 40~50대에서 시작하지만 사춘기 이후부터 발병하는 경우도 있다.
- Anemia(빈혈증) : 빈혈은 혈액이 인체 조직의 대사에 필요한 산소를 충분히 공급하지 못해 조직의 저산소증을 초래하는 경우.
- Antibiotics(항생제, 항생물질) : 미생물이 생산하는 물질로 다른 미생물의 발육을 저지하는 물질을 말하는데, 현재는 항암제와 같이 미생물 이외의 세포를 대상으로 하는 물질도 포함.
- Antibody(항체) Ab로 약기. 면역반응에서 항원의 자극에 의해 생체에서 만들어지고 항원과 특이적으로 결합하는 단백질의 총칭. 그 화학적 실체는 면역글로불린임.
- Antigen(항원) : 생체 내에 투여하면 이것에 대응하는 항체(抗體)를 혈청 속에 생성시켜 생체 내에서나 시험관 내에서 그 항체와 특이적으로 반응하는 성질을 가지는 물질.
- Arbutin(알부틴) : 월귤나무에서 추출한 피부 미백제의 원료가 되는 기능성화장품 성분.
- atopic dermatitis(아토피 피부염) : 아토피 (atopy)는 '이상한 (strange)' 혹은 '부적절한 (out of place)' 이라는 의미를 지닌 용어로서, 음식물 또는 흡입성 물질에 대한 알레르기 반응이 유전적으로 발생하는 경우를 일컫는다. 생후 2~6개월경부터 안면에 습진이 발생하기 시작하여 점차 전신으로 확대되는 피부염으로 심한 가려움증과 피부 건조등의 증상이 나타남.
- Autoantibodies(자기항체) : 자기의 체성분과 특이적으로 반응하는 항체를 말하는데, 동물은 보통 자신이 가지는 물질에 대해서는 항체를 만들지 않으나 특수한 경우에 이 같은 항체를 만들어 류머티즘과 같은 각종 질환을 일으킴.
- Autoimmunity(자가 면역) : 자신의 조직 성분에 대하여 면역을 일으키거나 과민성인 상태를 말하는데, 빈혈의 원인이 되는 후천성 용혈성빈혈증(後天性溶血性貧血症 : 자가 면역성 용혈성빈혈증)이나 만성 갑상선염 등이 그 예임.
- Avobenzone(아보벤젠) : UVB 와 UVA를 흡수하는 일광 차단 성분.
- Azelaic acid(아젤라익산) : 아젤라익산은 Pityrosporum ovale로부터 유도된 자연 발생적인 디카르복시산(dicarbox ylic acid)이다. 미백 효과는 선택적이며 활성 멜라닌세포에서 가장 명백함.

B

- B cells(B세포) : 비장이나 림프절과 같은 말초 림프계 조직 중에 존재하는 림프구 중 항체 생성 세포의 전구 세포.
- B vitamins(비타민 B) : 세포 신진대사에서 중요한 역할을 하는 수용성 비타민군.
- Baraesthesia(압각) : 피부 표면에 물체가 닿았을 때 압력에 의해 접촉을 느끼는 감각.
- Barrier function(장벽 기능) : 표피의 보호막, 자극과 탈수로부터 표면을 보호하는 각질 및 세포질로 이루어진 보호벽.
- Basal cell carcinomas(기저세포 암) : 국한되어 있고, 주변 조직으로 암세포의 침투 현상이 없는 암의 아주 초기 단계. 기저세포 암은 표피의 최하층인 기저층이나 모포 등을 구성하는 세포가 악성화 됨.
- Bioflavonoid(바이오 플라보노이드(vitamin P) : 모세혈관의 투과성을 조절.
- Broad-spectrum sunscreen(광범위 일광 차단제) : 자외선 A와 B로부터 보호하는 차단제.

C

- cafe au lait macules(밀크커피 반점) : 2~20mm의 경계가 불분명한 색소성 반점으로 밀크커피색의 색깔이다.
- Callus(굳은살) : 굳은살은 지속적인 피부의 압력이나 마찰로 인해 피부의 일부가 두꺼워지고 단단해지는 국한성 과각화증으로 손바닥, 발바닥과 같은 관절의 돌출부에 잘 발생한다.
- Calories(칼로리) : 열량, 칼로리(식품의 에너지를 측정하는 단위),
- Carcinogenic(발암성의) : 암을 유발하는,
- Carotenoid(카로티노이드) : 생물계에서 다양하게 나타날 수 있는 황색, 적색, 자색의 빛을 가진 색소군의 총칭.
- Ceramide(세라마이드) : 피부의 각질층을 구성하는 각질 세포 간 지질 중 하나로 피부의 수분증발을 억제하는 기능으로 보습을 위한 화장품 원료로도 사용.
- Chemical absorbing sunscreen(화학적 일광 차단제) : 자외선을 흡수하고 중화시키는 성분들을 함유한 차단제.
- Chickenpox(수두) : 수두-대상포진 바이러스(varicella-zoster virus)에 의한 급성 바이러스성 질환.
- Chloasma(기미) : 불규칙한 모양, 다양한 크기의 갈색 점이 노출 부위, 특히 얼굴에 발생하는 질

환으로 태양 광선에 대한 노출, 임신, 경구 피임약 혹은 일부 항경련제 등에 의해 악화됨. 주로 좌우 대칭적으로 뺨과 이마, 눈 밑에 멜라닌 색소가 침착됨.

- Cholesterol(콜레스테롤) : 세포질의 천연 부분인 지질 물질로 장벽 기능에서 지방물질들의 또 다른 구성 성분임.
- Cholinergic nerve(콜린성신경) : 콜린에 의해 작동하는 신경으로 교감신경을 제외한 모든 자율신경이 콜린성신경임.
- Circulatory system(순환계) : 동물 체내에 혈액과 림프액을 전신에 순환시켜 영양과 호르몬, 노폐물 등의 운반을 수행하는 기관을 통틀어 가리킴.
- Colesterol (콜레스테롤) : 동물성 지방에는 있고 식물성 지방에는 없으며, 인체의 모든 세포에 포함되어 있는 주요 구성 성분으로 동물에 가장 풍부한 스테로이드임.
- Collagenase(콜라게나제) : 콜라겐 분해효소.
- Condroitin sulfuric acid(콘드로이틴황산) : 다당의 일종으로 연골이나 동물의 결합조직에 분포한 주요 성분.
- Corn(티눈) : 피부가 자극을 지속적으로 받아 작은 범위의 각질이 증식되어 원뿔 모양으로 피부 안쪽으로 향해 박혀 있어 주변 조직에 압력을 가한다. 따라서 위에서 누르면 아픈 특징이 있고, 티눈을 깎았을 때 중심핵이 보인다.
- Corpuscula nervosa terminalia(종말신경소체) : 피부의 온도 감각이나 촉각과 같은 감각이 이루어지는 곳으로 감각소체라고도 함.
- Cross-linking(교차결합) : 피부 지지계를 붕괴시키면서, 진피 내 콜라겐 및 엘라스틴 섬유를 붕괴시키는 과정.

D

- Dendrites(수상돌기) : 신경세포에서 생기는 돌기의 일종. 내부 구조는 원형질(세포질)과 같고 니슬소체 등을 포함하므로 원형질 돌기로 불림.
- Dermatoheliosis(광노화 피부) : 일광 노출에 의해 피부에 장기간 손상을 끼치는 현상에 대한 의학적 용어임.
- DNA : deoxyribonucleic acid(디복시리보핵산)의 약자로 유전에 직접 관여하는 물질.

E

- Eczema(습진) : 여러 가지 원인으로 일어나는 피부질환으로 가려움을 동반하고 접촉 피부염, 아

토피 피부염, 지루성 피부염, 주부습진 등이 포함.

- Eleidin(엘레이딘) : 반유동 물질의 투명한 세포 내 단백질로 손 · 발바닥의 투명층에 존재.
- Epithelial cell(상피세포) : 인체의 몸 표면이나 내장기관의 내부 표면을 덮고 있는 세포.
- Erythema(홍반) : 자극에 의해 피부에 나타나는 반응으로 혈관의 확장이나 충혈 현상.
- External auditory meatus(외이도) : 귀 입구에서 고막에 이르는 터널 모양의 통로.

F

- Fats(lipids) : 지방(지질).
- Fatty acids(지방산) : lubricant ingredients derived from plant oils or animal fats(식물성 기름이나 동물성 지방에서 추출한 윤활 성분).
- FDA(Food and Drug Administration) : 미국식품의약국.
- Fibroblast(섬유아세포) : 섬유성 결합조직의 중요한 성분을 이루는 세포.
- Fissure(균열) : 표피 손상의 일종으로 깊이에 따라 진피나 피하조직까지 손상되기도 함.
- Freckle(주근깨) : 표피의 멜라닌세포성 병변으로, 일광 노출 부위에 주로 생기는 밝은 갈색의 작은 색소성 반점으로 얼굴, 팔뚝, 다리에 잘 발생한다.

G

- Glans(귀두) : 남성 생식기의 끝 부분.
- Glomerulus(사구체) : 혈관구라고도 하며, 모세혈관들이 뭉쳐진 덩어리를 가리킴.
- Glycerol(글리세롤) : 글리세린이라고도 하며, 무색의 점성이 있고 단맛이 나는 흡습성 물질로 건조를 방지하는 역할을 하고 의약품으로 사용됨.
- Glycine(글리신) : 가장 간단한 구조의 아미노산의 일종으로 식물성 단백질에는 거의 발견할 수 없고 동물성 단백질의 주요 성분임.
- Glycosaminoglycans(글라이코스아미노글라이칸 · 글리코사미노글리칸)
- Granulocyte-macrophage colony-stimulating factor (GM-CSF) (과립대식세포 집락자극 인자수용체 당단백질)
- Guard cell(공변세포) : 식물체 내 이산화탄소 등의 기체 출입과 증산작용을 조절하는 세포.

H

- Herpes Simplex(단순포진) : 점막이나 피부에 생기는 급성 수포성 질환으로 단순 헤르페스 바이러스 (Herpes simplex virus) 에 의해 발생된다. 심한 스트레스를 받을 때마다 재발하며, 피부와 점막 경계 부위로 나와서 물집을 만든다.
- Herpes simplex(fever blisters)(헤르페스 바이러스 감염증) : 헤르페스 바이러스 감염증은 단순 헤르페스 바이러스 (herpes simplex virus)에 감염되어 발생하는 바이러스성 질환이다. 단순 헤르페스 바이러스는 단순포진 바이러스라고도 하며, 1형 단순포진 바이러스와 2형 단순포진 바이러스의 두 종류가 있음.
- Herpes Zoster(대상포진) : 바이러스성 피부질환의 일종으로 몸통에 생긴 띠 모양의 수포성 피부 발진을 의미함.
- Homeostasis(항상성) : 인체의 변화에 대응하여 항상 일정한 환경을 유지하려는 현상.
- Housewife's eczema(주부습진) : 물이나 세제에 지속적으로 노출된 가정주부에게 많이 발생한다.
- Hyaluronic acid(하이알루론산) : 아미노산과 우론산으로 이루어지는 복잡한 다당류의 하나로, 피부 진피에 존재하여 수분을 유지하는 작용을 하는 보습 인자의 일종임.
- Hydrolipidic film(수지질막) : 'Hydro' 는 '수분' 을 의미. 'Lipidic' 은 '유분' 을 의미. 수지질막은 피부 표면에서 유-수분의 균형을 유지하는 막임.
- Hydroquinone(하이드로퀴논) : 표백제(Bleaching) 멜라닌의 생성을 억제시키며 또한 이미 진행된 색소침착된 부위를 표백하는 역할을 함.
- Hydroxy proline(히드록시프롤린) : 아미노산의 일종.
- Hyperpigmentation(과색소침착) : 과다색소침착은 일반적으로 피부나 손발톱, 구강이나 비강을 둘러싸고 있는 점막 등에 멜라닌 증가에 의하여 발생한 과다 색소침착 반(macule)을 말함.

I

- IgA(면역 글로불린 A) : immunoglobulin A의 약자로 면역 글로불린의 일종이며 전체 면역 글로불린의 약 20%를 차지함.
- Immune system(면역계) : 감염이나 질병으로부터 신체를 보호하는 면역반응에 관여하는 장기 · 조직 · 세포 · 체액의 생체 시스템.
- Immunoglobulins(면역 글로불린 항체) : 항원의 자극에 의해서 생체 세포가 생성하는 특수한 혈청단백, 즉 이뮤노글로블린이며 자극한 해당 항원과 특이적으로 반응하는 물질.
- Impaired(손상된) : 피부 장벽 기능의 손상.

- Intercellular cement or interstitial lipid matrix(세포질, 세포 간 지질) : 수분 손실 및 자극으로부터 세포를 보호하는 각질 세포 간 지질 물질들.
- Interleukin(인터류킨) : 몸 안에 들어온 세균이나 해로운 물질을 면역계가 맞서 싸우도록 자극하는 단백질.
- irritant dermatitis(접촉성 피부염) : 습진의 일종으로 외부 물질과의 접촉에 의해 발생되는 피부염.
- itamin C(ascorbic acid)[비타민 C(아스코르빈산] : 인체의 기능과 건강 유지를 위한 미량 원소 중의 하나로 아스코르빈산이라고도 불림. 인체가 감염에 대해서 저항, 상처 치유와 조직을 건강하게 유지시켜 주며 항산화제 중의 하나로서 자유기에 의한 세포 손상을 방지함.
- Itching(소양감) : 피부질환의 일종으로 피부가 가려워 긁고 싶은 증상.

K

- keloid and Hyper trophic scar(켈로이드와 비후성 반흔) : 켈로이드는 외상의 경계를 넘어서 발생된 위로 솟아난 반흔이고, 비후성 반흔은 상처 경계에서 발생되는 위로 솟아난 반흔이다. 정확한 원인은 알려지지 않았으나 발생 부위의 장력이 커져 섬유아세포에서 필요 이상의 교원섬유를 분비해 반흔이 생긴다.
- Keratin(케라틴) : 피부나 손톱, 머리털 등 상피 구조의 기본을 형성하는 구조 단백질.
- Keratinization(각화) : 표피에 접근하는 케라틴 단백질로 채워진 표피 세포들의 과정.
- Keratohyalin granule(케라토하이알린 과립) : 포유류 표피의 과립층세포에서 볼 수 있는 불규칙한 모양의 크고 작은 형태의 과립.
- Keratosis Pilaris(모공 각화증) 2세 전후에 시작해 성인이 되면 소실되는 유전성 질환으로, 모낭 입구에 박힌 각질전 (horny plug)으로 피부가 닭살 모양으로 나타난다.

L

- Labia minor(소음순) : 여성 생식기의 일부를 이루는 좌우 2개의 주름 형태.
- Lactic acid (젖산) : 생체 내에서 에너지 대사에 중요한 생화학 물질로 신맛이 있고 끈적이는 액체로 젖당이나 포도당 등의 발효로 생기는 유기산.
- Langerhans cells(랑게르한스 세포) : 이물질을 찾아 표피를 '순찰' 하는 면역 세포.
- Lentigo simplex(단순 흑자) : 갈색이나 검은색의 둥근 반점의 경계가 명확하고 한 개 또는 여러 개가 피부에 생기며 2~3mm 정도가 보통이다.

- Linoleic acid(리놀레산) : 동물의 정상적인 성장과 건강 유지를 위하여 음식물을 통하여 섭취하지 않으면 안 되기 때문에 아라키돈산(Arachidonic Acid)과 더불어 필수지방산이라 하고 이를 비타민 F라고도 함.
- Lipid peroxide(과산화지질) : 피부의 노화를 촉진시키는 물질로써 지질(피지, 세포 간 지질, 세포막 구성 물질)의 산화에 의해서 생기는 물질로 피부에 해로운 대표적인 물질.
- Lipids(지질) : 피부의 장벽 기능을 치유, 보호하는 지질.
- Lycopene(리코펜) : 가지과식물 토마토(*Lycopersicon esculentum*)에서 처음 분리된 카로티노이드색소의 일종으로 수박, 감, 살구나무 등 고등식물의 과실에 다량으로 존재.
- Lymph node(림프절) : 면역기관 중 하나로 전신의 조직액을 회수하여 정맥으로 돌려보내는 림프관 중간에 위치하고 세균의 침입이나 림프구의 생산, 항체 생산에 관여함.
- Lymph(림프) : 조직세포 사이에 존재하는 조직액이 림프관으로 들어가 형성된 체액.
- Lymphocyte(림프구) : 백혈구의 한 종류로 골수와 림프 조직에서 만들어내는 둥근 모양의 세포. 전체 백혈구 중 약 25% 정도를 차지하는 세포로 면역 반응을 담당.

M

- Macronutrients[대량 영양(大量營養)의, 다량 영양의] : 다량 영양이란 말은 주로 흔히 먹는 탄수화물, 지방, 단백질 등을 가리켜 부르는 말이며, 즉 크기가 큰 영양물을 말함.
- Macrophage(대식세포) : 동물 체내 모든 조직에 분포하여 면역을 담당하는 세포로, 세균 등을 잡아서 소화하여 그에 대항하는 면역 정보를 림프구에 전달함. 탐식세포라고도 하며 면역 담당 세포의 하나임.
- Mast cell(비만세포) : 천식이나 아토피성 피부염 등의 알레르기 반응을 유발하는 세포로 결합조직 중에 존재.
- Melanin(멜라닌) : 동물의 피부나 눈, 모발 등의 조직에 존재하는 흑갈색 색소로 일정량 이상의 자외선을 흡수하여 유해한 자외선이 인체 내에 침투하는 것을 차단하여 인체를 보호하고, 멜라닌의 양에 따라 피부색이 결정됨.
- Melanin(멜라닌) : 피부 색소, 태양으로부터 피부를 보호하는 방어 기전. 동물의 피부나 눈, 모발 등의 조직에 존재하는 흑갈색 색소로 일정량 이상의 자외선을 흡수하여 유해한 자외선이 인체 내에 침투하는 것을 차단하여 인체를 보호하고, 멜라닌의 양에 따라 피부색이 결정됨.
- Melanocytes(멜라닌세포) : 특수한 멜라닌 함유소기관 멜라닌소체를 생합성하는 색소세포. 멜라닌소체의 전단계 과립인 프레멜라닌소체 만을 최종 산물로 생합성하는 세포도 포함됨. 멜라닌을 생성하여 동물의 가죽이나 피부, 털 등에 흑갈색의 색조를 부여하는 세포.

- Melanoma(흑색종) : 멜라닌 색소를 만들어 내는 멜라닌세포의 악성화로 생긴 종양으로서, 멜라닌세포가 존재하는 부위에서는 어디에서나 발생할 수 있으나 피부에 발생하는 경우가 가장 많고, 피부에 발생하는 암 가운데 악성도가 가장 높다. * 발병 위치 : 피부 · 안구 · 점막 · 중추신경계.
- Melanosome(멜라닌소체) : 멜라닌생성세포에 존재하며 멜라닌을 함유하고 있는 세포소기관.
- Melasma, Chloasma(기미) : 태양광선의 노출 부위인 얼굴, 이마, 뺨 등에 잘 생기며 갈색의 색소 판의 다양한 크기로 발생하거나 임신, 경구 피임약에 의해 악화되기도 한다.
- Metastasis(전이) : 암이 퍼지는 현상.
- Micronutrient(미량 영양소 · 미량 원소) : 미량이지만 음식물로 섭취함으로써 생체의 기능이 조정되는 물질이며 주로 미량원소와 비타민을 말함.
- Miliaria(한선) : 땀띠라고 불리며 땀이 표피로 나가는 동안 한관이나 환관구 중 일부가 막혀 땀이 배출되지 못하고 갇혀 생기며 고온다습한 곳에서 생긴다.
- Minerals(미네랄) : 유기물질을 만들고 있는 탄소 · 수소 · 산소 · 질소를 제외한 나머지 원소를 일괄해서 무기질 또는 미네랄이라 부름.
- Minimal erythemal dose(MED) (최소홍반량) : 피부가 자극으로부터 홍반 없이 지낼 수 있는 시간의 양.
- Molluscum contagiosum(전염성 연속종) : molluscum contagiosum 바이러스에 의해 유발되며 인간에게 질병을 일으키는 바이러스 중 가장 크다. 성인보다 소아, 여아보다 남아의 발생률이 높으며 면역기능이 저하되어 있는 성인에게서 잘 생긴다.
- Mongolian spot (몽고반) : 진피 멜라닌세포 중 가장 흔하며 출생 시부터 존재하며, 대부분 엉덩이 부위에 발생되나 옆구리나 어깨 부위에도 생길 수 있고 동양인과 흑인에 흔하다.
- Mucopolysaccharide(무코다당류) : 아미노당의 주성분인 다당류의 총징.
- Mutated(돌연변이의) : 돌연변이가 되다. 돌연변이를 만들다가 새로운 형태로 변형됨.

N

- Natural immunity(자연면역) : 개체에는 태어날 때부터 유전적 소인에 의거한 감염증에 대한 저항성이 있으며 이 현상을 선천면역이라고 함.
- Natural moisturizing factor : NMF(천연보습인자) : 각질층에서 아미노산을 주성분으로 하는 인체 내 천연 수분 물질로 물과 친화력이 높은 수용성 화학구조물로 수분과 결합하여 피부보습을 유지하는 성분.
- Natural moisturizing factors(NMFs) : 개체에는 태어날 때부터 유전적 소인에 의거한 감염증

에 대한 저항성이 있으며 이 현상을 선천면역이라고 함.

- Nerve cell(신경세포) : 뉴런에서 신경자극을 전달하는 역할 부분으로 신경계의 구조 및 기능단위로 신경원이라고도 함.
- Nevus of ota(Ota 모반) : 한국, 일본 등의 동양인에게 많은 질환으로, 삼차신경이 분포하는 눈 주변의 피부와 공막에 청색의 반이 나타난다.

O

- Octinoxate(옥티녹세이트) : UVB를 흡수하는 일광 차단 성분.
- Octisalate(옥티실레이트) : UVB를 흡수하는 일광 차단 성분.
- Oil soluble licorice extract(유용성 감초) : 기능성화장품의 원료인 천연 미백제로 감초에서 추출한 성분.
- osmidrosis axillae, bromhidrosis(액취증) : 한선의 질환으로 주로 아포크린 한선의 혐기성 디프테리아가 작용하여 지방산을 만드는데 이것이 악취가 나게 한다.
- Osteoporosis(골다공증) : 뼈의 양이 감소하고 질적인 변화로 인해 뼈의 강도가 약해져서 골절이 일어날 가능성이 높은 상태를 말함.

P

- Pain(동통) : 질환의 종류에 따라 욱신거리거나 바늘로 찌르는 듯한 타는 듯한 감각.
- Pathogenic organism(병원체) : 병을 유발하는 미생물
- pH : 물질의 산성과 알칼리성의 상대적인 정도
- Phagocytosis(식균작용) : 세포가 환경으로부터 고형 입자를 잡아들이는 활동으로 예를 들어 외부로부터 침입한 병원균 등을 세포 내로 잡아들여 세포 내 소화를 하는 현상임.
- Phospholipid(인지질) : 세포막 형성과 신경전달에 중요한 역할을 하고 이중구조로 이루어짐.
- Physical sunscreen(물리적 차단제) : 국소 제제를 말한다. 산화아연 · 이산화티타늄 · 적색산화제2철(red ferric oxide) 등의 물리적 일광 차단제(physical sunscreen)는 반사 · 분산의 기전에 의해 여러 파장의 자외선과 가시광선에 대한 방어작용을 가짐.
- Polysaccharide(다당류) : 단당류 2개 이상이 글리코시드 결합하여 큰 분자를 만들고 있는 당류를 통틀어 일컫는 말임.
- Pre-cancers(전암) : 전암(前癌) · 암전구증(癌前驅症) · 전암 · 풋암.

- Primary lesions(원발진) : 피부질환의 초기 병변.
- Prolactin(프로락틴) : 단순 단백질성 호르몬으로 뇌하수체 전엽의 호산성 세포에서 분비되는 유즙분비자극 호르몬으로 유선, 전립선의 발육, 유즙 분비의 촉진작용. Proline(프롤린) : 비필수아미노산의 하나로 단백질의 가수분해 과정을 통해 얻어짐.
- Proteins(단백질) : 모든 생물의 몸을 구성하는 고분자 유기물로 수많은 아미노산(amino acid)의 연결체임. 생물체의 몸의 구성 성분으로서 또한 세포 내의 각종 화학반응의 촉매 물질로서 중요함.
- Provitamin(프로비타민) : 인체 내나 자외선 조사와 같은 과정에 의해 특정한 비타민으로 전환하는 비타민 전구물질로 비타민으로 변할 수 있는 물질의 총칭.
- Pruritus, Itching(소양감) : 피부를 긁거나 문지르고 싶을 충동을 느끼는 감각으로 가장 흔한 피부증상이다.
- psoriasis(건선) : 은백색의 인설을 특징으로 하는 경계가 명확하고 크기가 다양한 붉은색의 구진이나 판이 전신에 반복적으로 발생하는 만성 피부질환이다. 피부에 반복적으로 발생하는 만성 염증성 피부병으로 염증성 각화증의 일종.

R

- Reactive oxygen species(ROS)(활성산소종)
- Receptor(수용기) : 생물학 수용기(受容器). 감수(感受) 기관. 자극을 감수하고 전달하는 신경 단위의 말단 기관.
- Retinoic acid(Retin-A)(레티노산 (레틴 A)) : 비타민 A산. 레티놀 A 작용 중 시각 이외의 생리작용은 대체할 수 있지만 시각에 대해서는 전혀 생리작용을 나타내지 않음.
- Rheumatoid arthritis(류머티스성 관절염) : 류머티스성 관절염은 다발성 관절염을 특징으로 하는 원인 불명의 만성 염증성 질환이다. 초기에는 관절을 싸고 있는 활막에 염증이 발생하지만 점차 주위의 연골과 뼈로 염증이 퍼져 관절의 파괴와 변형을 초래하게 됨.
- Rhinophyma(비류) : 오랜 기간에 걸쳐 기름샘과 결체조직이 증식하여 코의 하반부의 충혈된 비후성 결정을 형성한다.
- Ricket(구루병) : 구루병은 4개월~2세 사이의 아기들에게서 잘 발생하는 것으로 알려진 비타민 D 결핍증으로 머리 · 가슴 · 팔다리뼈의 변형과 성장장애를 일으킴.
- RNA : ribonucleic acid의 약어로 DNA와 함께 유전정보의 전달에 관여하는 핵산의 일종.
- Rosacea(주사) : 주사는 얼굴의 중심부에 발생하는 만성적인 혈관 확장의 피부질환으로 지속적인 홍반과 구진, 농포 및 모세혈관 확장이 특징으로 비류가 발생하기도 한다.

S

- Scale(인설) : 표피 각층의 최상층의 각질이 크고 작게 탈락된 것.
- Scleroderma(강피증) : 만성적이고 지속적으로 피부가 딱딱해지고 두꺼워지는 병. 피부의 경화가 특징인데 그것이 피부에 국한되는 국한성과 전신의 여러 기관에 미치는 전신성의 2형으로 분류.
- Scurvy(괴혈병) : 비타민 C는 식품에서 얻을 수 있는 필수 영양 성분으로 우리 몸의 결합 조직들을 구성하는 콜라겐 합성에 중요한 역할을 하는데 괴혈병은 이러한 비타민 C가 부족하여 생기는 여러 증상들을 일컫는 질병을 말함.
- Sebaceous glands(기름샘) : 피부 표면을 보호하는 피지를 생성하는 망상층에서 모낭에 연결된 선들.
- Sebaceous hyperplasia(기름샘 과형성) : 기름샘의 장애로 점점 확대되는 현상.
- seborrhea dermatitis(지루성 피부염) : 지루성 피부염은 기름샘의 분포가 많은 부위에 유아부터 성인까지 전 연령에 걸쳐 주로 발생하는 원인 미상의 아급성 또는 만성의 피부염이다. 두피, 눈썹, 눈꺼풀, 비구순 주름, 입술, 귀, 흉골 부위(sternal area), 액와부, 유방 하부, 배꼽, 서혜부, 둔부 사이의 주름 부위 등에 발생한다.
- Seborrheic keratoses(지루각화증) : 각질세포에서 기원한 피부의 악성 성장.
- Sebum(피지) : 각질세포의 탈수를 방지를 도우면서 진피 내 기름샘에 의해 피부 표면에서 분비되는 기름 물질.
- Secondary Lesions(속발진) 원발진이 진행하거나 회복, 외상 등의 외적 요인에 의해 변화된 병변을 의미한다.
  1) Scales(인설) : 건조하거나 습한 각질의 덩어리로 가볍게 긁으면 쉽게 떨어진다.
  2) Excoriations(찰상) : 가려움증(소양감)을 해소하기 위해 손톱으로 긁는 행위로부터 발생하며, 다양한 소양성 피부질환에서 관찰된다.
- Sense of pain(통각) : 신체에 상해 · 염증 등 강한 침해가 있을 때, 그 자극에 의해 생기는 감각.
- Sense spot(감각점) : 인체 전신에 분포되어 냉각, 온각, 압각, 통각을 느끼는 점 모양의 부위.
- Singlet oxygen(일중항산소) : 바닥 상태의 삼중항 산소로부터 에너지-천이(遷移)에 의해서 활성화된 산소 분자임.
- Solar lentigo(일광 흑자) : 햇볕에 오래 노출된 부위에 검은색의 색소성 반점이 불규칙하게 발생되며, 호발 부위는 얼굴과 손등으로 노인성 흑자라고 불리기도 한다.
- SPF(자외선차단지수) : Sun protection factor의 약자로 자외선 B(UVB)의 차단 효과를 표시하는 단위로 SPF15 차단제를 피부에 도포하면 자외선의 양이 1/15로 줄어든다는 의미.

- Squalene(스쿠알렌) : 상어의 간유나 올리브, 쌀겨, 맥아 등에서 발견되는 지방유로 인체의 조직에도 존재하여 강력한 항산화 작용을 함.
- Stem cell(줄기세포) : 장기를 형성하기 전의 배아 단계의 세포로 여러 종류의 신체조직으로 분화할 수 있는 능력을 가진 세포.
- Steroid (스테로이드) : 동 · 식물에 모두 존재하는 지질로 담즙산, 성호르몬, 부신피질호르몬 등에 중요한 물질.
- striae distensae(팽창 선조) : 튼살이라고도 불린다. 팽창 선조의 초기는 붉은색을 띠며 진피가 소실되어 줄 잡힌 표피가 피부를 덮고 있다. 이 붉은 주름은 시간이 지나면서 흰색을 띠게 된다.
- Subclinical inflammation[준(準)임상적인 · 무증상(無症狀)]의 · 잠재성 염증.
- Sun protection factor(SPF)(자외선 차단지수) : 제품을 사용하지 않고 선번 없이 태양 앞에서 한 사람이 얼마나 견딜 수 있는 있는 지를 표시하는 숫자.

T

- T cells(T 세포) : 흉선에서 유래하는 림프구로 면역에서의 기억 능력을 가지며 B세포에 정보를 제공하여 항체 생성을 도울 뿐만 아니라 세포의 면역에 주된 역할을 함.
- Thymus gland(흉선) : 사춘기에 최고로 발달하고 나면 퇴보하며 목의 아래 앞쪽에 있든지 또는 심장을 둘러싸고 있는 샘으로 몸의 면역 반응의 많은 것을 조절하는 샘. 인두벽에 유래하는 기관의 하나.
- Thyroid hormone(갑상선호르몬) : 갑상선에서 분비되는 호르몬으로 요오드를 포함하는 아미노산의 일종.
- tinea pedis(족부백선) : Athlete's foot이라고도 불리며, 현재 우리나라에서 가장 많은 백선으로 성인 남자에게 제일 많이 생긴다.
- Tocopherol(토코페롤) : 지용성 비타민의 하나로 인체 내 중요한 기능은 항(抗)산화제로서 세포 내에서 산화되기 쉬운 물질. 특히 세포막을 구성하고 있는 불포화지방산의 산화를 억제, 세포막의 손상과 나아가서 조직의 손상을 막아줌.
- Trace minerals(미량무기물) : 자연계에 미량으로 존재하는 광물.
- Transepidermal water loss(TEWL)(경피수분손실) : 피부 표면의 증발에 의한 수분 손실.
- Triglycerides(트리글리세라이드) : 장벽 기능의 부분을 보충하는 지방 물질.
- Tyrosinase(티로시나제) : 멜라닌 형성에 필요한 물질을 생성하는 데 중요한 역할을 하는 효소.
- Tyrosine(티로신) : 단백질을 구성하는 아미노산의 하나.

U

- Ultraviolet rays(자외선) : 전자파 일부로써 파장 100~380nm(1nm＝10－9m)의 전자파를 말하며 그 파장에 따라 자외선 A(315~380nm) · 자외선 B(280~315nm) · 자외선 C(100~280nm)로 구분됨.
- Urea(요소) : 약염기성의 희미한 소금기가 있는 무색의 입상 결정으로 사람과 동물의 소변 중에 존재하고 식물 중에도 미량 존재.
- Uric acid(요산) : 물에 약간 용해되는 무색 결정 물질로 조류와 파충류의 배출물, 사람의 소변 중에 함유.
- Urticaria(두드러기) : 흔히 주변에서 볼 수 있으며 일시적으로 피부가 붉거나 희게 부풀면서 극심한 소양증 동반을 특징으로 하는 피부질환으로 벌레에 물린 것처럼 피부가 부푸는 팽진이 두드러기에서는 다양하고 붉은색으로 나타난다.

V

- Vascular endothelial cell (혈관내피세포) : 혈관 내 안쪽 벽을 덮고 있는 한 층의 세포.
- Vitamin D : 항구루병(rickets)성의 지용성비타민. 난수용성(難水溶性), 내열성(耐熱性), 비타민 D 작용을 지닌 것은 적어도 11종류나 되지만 주요한 것은 D_2, D_3 및 디히드로타키스테롤(dihydrotachysterol)임.
- Vitamin E : 항산화 기능에 관여하는 지용성비타민으로 토코페롤(Tocopherol)로 불림.근 기능 유지, 항산화 기능에 관여하는 비타민이다. 영양 강화제로 분유에 첨가하며 유지 · 버터 · 마가린 · 소시지의 산화방지에 사용됨. 식품에서 네 종류의 토코페롤(tocopherol α · β · r · δ)과 토코트라이에놀(tocotrienol α · β · r · δ) 형태로 나타나지만 이 중 α-토코페롤이 비타민 E의 대명사처럼 사용됨.
- Vitamin K : 혈액응고를 촉진하는 지용성비타민의 일종임. 기름에 용해되는 지용성 비타민이며 혈액응고에 필수적인 비타민으로 항출혈성 비타민으로 불리움. 케일 · 양배추의 녹엽 · 콜리플라워 · 브로콜리 · 시금치 · 상추와 같은 녹엽채소에 다량 함유됨.
- Vitiligo(백반증) : 인종이나 지역 차이 없이 흔하게 발생되는 질환으로 멜라닌세포가 소실되어 생기며, 다양한 크기의 원형이나 불규칙한 형태의 탈색된 반으로 나타난다.

W

- Wart, Verruca(사마귀)Papilloma virus에 의해 피부감염으로 발생되며, 손, 발, 다리같이 노출 부위 및 성기에 잘 생기며 전염성이 있어 직 · 간접적인 원인으로 전염되며 손에서 발과 같이 자가 감염이 생기기도 한다.
- Wax ester(왁스 에스테르) : 천연물로 식물의 정유에 포함된 왁스(wax) 물질.

[참고문헌]

• 용준환 외 2명, 《인체해부생리학》, 도서출판 정담, 2002
• 전세열 외 4명, 《인체생리학》, 광문각, 2007
• 김정란 외 다수, 《EBS 피부미용사》, EBS 피부미용연구회편저
• 권미윤 외 2명, 《기초모발과학》, 예림, 2004
• 이혜영 외 4명, 《피부과학》, 군자출판사, 2007
• 권경옥 외 5명, 《신화장품학》, 동화출판, 1997
• 강영희 외 7인 공역, 《세포생물학》, 아카데미서적, 1992
• 대한피부과학회, 《피부과학》,여문각, 1994
• 이광웅 외 7인 공역, 《생물학》, 을유문화사, 1993
• 강영희 외 7인 공역, 《세포생물학》, 아카데미서적, 1992
• 정인혁, 《사람해부학》, 아카데미서적, 1996
• 다음 카페-다모디자
• 연세대학교 의과대학 신경해부학, 조직학 홈페이지
• 다음 어학사전
• 《Microlbiology Principles & Application》, Joan G. Creager, Jacquelyn G. Black, Vee E. Davison, Prentice-Hall, 1990
• http://click4biology.info
• http://www.baileybio.com/plogger/?level=picture&id=1441

• 이향욱·이영수·채수영, 《현대피부학》, 광문각, 2008
• 전세열·홍란희·김봉인 외, 《미용해부생리학》, 광문각, 2011
• 김주덕·신지은, 《최신 화장품학》, 광문각, 2011
• http://withfriendship.com/user/neeha/melanocyte.php
• http://en.wikipedia.org/wiki/File:Normal_Epidermis_and_Dermis_with_Intradermal_Nevus_10x.JPG
• http://www.vet-magazin.ro/Stiinta/Animale-ferma/Chronic-hyperproliferative-process-ear-tag-sows.html
• http://www.beatsliposuction.com/articles/cellulite/cellulitecream.asp
• http://www.freethought-forum.com/forum/showthread.php?t=24978
• http://www.google.co.kr/imgres?q=subcutaneous+layer&start=366&hl=ko&newwindow=1&biw=1920&bih=1144&tbm=isch&tbnid=V9Jx656HE56qlM:&imgrefurl=http://www.studyblue.com/notes/note/n/glandularepithelium/deck/270563&docid=eS09xZgTGBPF6M&imgurl=http://classconnection.s3.amazonaws.com/114940/flashcards/842895/jpg/photo.jpg&w=1600&h=1200&ei=rNEtUP33Joq6iQf__4DAAw&zoom=1

• Joel Gerson. Milady's Standard Esthetics Fundamentals. 10th. ed. CENGAGE Learning. 2009.
• Mark Lees. Skin Care Beyond the Basics. 3rd. ed. DELMAR CENGAGE Learning. 2007.
• 김춘자. Esthetic 《피부 미용학》. 훈민사. 2003.
• 김한식 · 김기영 · 김일출 · 김정숙 · 김주연 · 김훈 · 범희주 · 송미라 · 안성아 · 예춘정 · 이성흥 · 이은숙 · 정광조 · 정인경 · 조우아 · 조찬휘 · 한말란 · 홍성완 공저. 《미용 과학》. 청구문화사. 2007.
• 안홍석 · 홍란희 · 김명숙 · 김문주 · 최성임 · 강신옥 공저. 《미용 건강학》. 파워북. 2007.
• 한영숙 · 최태부 · 이연희 · 김춘자 · 김주연 · 장미혜 공저. 《피부학》. 3판. 정담미디어. 2011.

- 국홍일, 《고운피부 젊은 피부》. 아침나라, 1999
- 김병우, 《피부과학》. 유신문화사, 1998
- 김주덕 외 역, 《신화장품학》. 동화기술교역, 2004
- 김종대 외, 《신 피부 관리학》. 가림출판사, 1995
- 이승헌 외, 《피부장벽학》. 여문각, 2010
- 이정수 외, 《해부생리학》. 현문사, 2003
- 이향우 외, 《현대 피부학》. 광문각, 2008
- 장병수 외, 《최신 모발학》. 광문각 ,2011
- 장선일 외, 《피부과학 & 관리학》, 현문사, 2003
- 장재권, 정하열 역, 《현대 생화학》. 한국학술정보, 2006
- 조완구 외, 《현대 화장품학》. 한국학술정보, 2007
- 채순님, 《피부미용 기기학》. 정담미디어, 2009
- 박병덕, 〈피부타입〉. 한국피부장벽학회지, Vol.8 No.1
- 전주홍, 〈Vitamin D 내분비계와 인체 질환〉. 한국생화학분자생물학회, Vol.27 No.4, 2007
- 김금란, 〈피부관리가 40세 전후 여성의 안면 피부상태에 미치는 영향〉. 건국대학교 대학원(박사), 2010
- 김승희, 〈여대생의 자외선 차단제 제형별 효과에 따른 피부변화 연구〉. 서경대학교 대학원(석사), 2010
- 이길영, 〈스트레스가 여성의 피부색과 피부 수분에 미치는 영향〉. 원격숙명여자대학교 대학원(석사), 2010
- 이윤경, 〈자외선 노출이 피부노화에 미치는 영향〉. 숙명여자대학교 원격대학원(석사), 2007
- 이은영, 〈20 · 30대 여성의 피부상태 분석과 피부관리 태도에 대한 연구〉. 한성대학교 예술대학원(석사), 2005
- 정현아, 〈자외선의 유해성에 대한 인지도와 자외선 차단제품 사용실태에 관한 연구〉. 숙명여자대학교 원격대학원(석사), 2007

- Gerard Peyrefitte(1998). La peau face au soleil, les nouvelles Esthetiques.
- Plewig G, Christophers E(1974). Renewal rate of human sebaceous glands. Acta Derm Venereol, 54: 177–182.
- Strauss JS, Pocchi PE(1963). The human sebaceous gland: its regulation by steroidal hormones and its use as an end organ for assaying androgenicity in vivo. Recent Prog Horm Res. 19: 385–390.
- Stunkard A, Burt V(1967). Obesity and the body image: Age at onset of disturbances in the body image. Am J Psychiat 123: 1443–1447.
- Yaar M et al(1999). Dermatology in general medicine. 5th ed. New York: McGraw-Hill,: 1697–1706
- Zalfa A, Abdel-malek(2002). About regulation of pogmentation towards development of strategies for cutaneous hypopigmentation. J. Kor. SOC. Cosm., 7–39

[저자 소개]

- 홍란희(동서울대학교 뷰티코디네이션과 전임교수)
- 김윤정(명지전문대학 피부미용과 전임교수)
- 송다해(경복대학교 의료미용과 전임교수)
- 석은경(신구대학교 뷰티스타일링전공 전임교수)

최신 피부과학

2012년 9월 1일 1판 1쇄 인쇄
2012년 9월 5일 1판 1쇄 발행

지은이: 홍란희 · 김윤정 · 송다해 · 석은경
펴낸이: 박정태

펴낸곳: **광 문 각**

413-756
경기도 파주시 문발동 파주출판문화도시
500-8번지 광문각빌딩 4층
등 록: 1991. 5. 31 제12-484호
전화(代): 031)955-8787
팩 스: 031)955-3730
E-mail: kwangmk@unitel.co.kr
홈페이지: www.kwangmoonkag.co.kr

ISBN : 978-89-7093-703-8 93590

정가 : 22,000원

KSPA 한국과학기술출판협회회원